普通高等教育**数据科学**
与**大数据技术**专业教材

大数据技术

导论

主　编 ◎ 樊继慧　李旭耀

副主编 ◎ 申青连　李清梅　高新凯

主　审 ◎ 原峰山

中国水利水电出版社
www.waterpub.com.cn
·北京·

U0157001

内 容 提 要

本书根据现有的大数据技术理论，综合介绍了大数据技术的相关基础理论知识，并提供了部分实践操作介绍。本书共 8 个章节，内容包含大数据的概念和特征，大数据计量，大数据生命周期，大数据与云计算，Hadoop，HDFS，MapReduce，大数据编程语言 Python、Spark、R 语言，数据预处理，聚类分析，k- 邻近分类算法，数据可视化，大数据应用，大数据安全与威胁，爬虫技术，MINIST 数字识别技术。本书分别在大数据采集与预处理、数据挖掘与分析等重要章节中安排了入门级的实践操作内容，以便读者更好地学习和掌握大数据关键技术。

本书可以作为高等院校数据科学与大数据等相关专业的课程教材，亦可作为大数据爱好者的科普读物。

本书配有习题答案，读者可以从中国水利水电出版社网站（www.waterpub.com.cn）或万水书苑网站（www.wsbookshow.com）免费下载。

图书在版编目（ＣＩＰ）数据

大数据技术导论 / 樊继慧，李旭耀主编. -- 北京：
中国水利水电出版社，2022.11
普通高等教育数据科学与大数据技术专业教材
ISBN 978-7-5226-1101-3

Ⅰ．①大… Ⅱ．①樊… ②李… Ⅲ．①数据处理—高
等学校—教材 Ⅳ．①TP274

中国版本图书馆CIP数据核字(2022)第215973号

策划编辑：陈红华　责任编辑：王玉梅　加工编辑：曲书瑶　封面设计：梁　燕

书　名	普通高等教育数据科学与大数据技术专业教材 **大数据技术导论** DASHUJU JISHU DAOLUN	
作　者	主　编　樊继慧　李旭耀 副主编　申青连　李清梅　高新凯 主　审　原峰山	
出版发行	中国水利水电出版社 （北京市海淀区玉渊潭南路 1 号 D 座　100038） 网址：www.waterpub.com.cn E-mail：mchannel@263.net（答疑） 　　　　sales@mwr.gov.cn 电话：（010）68545888（营销中心）、82562819（组稿）	
经　售	北京科水图书销售有限公司 电话：（010）68545874、63202643 全国各地新华书店和相关出版物销售网点	
排　版	北京万水电子信息有限公司	
印　刷	三河市德贤弘印务有限公司	
规　格	210mm×285mm　16 开本　9.5 印张　237 千字	
版　次	2022 年 11 月第 1 版　2022 年 11 月第 1 次印刷	
印　数	0001—2000 册	
定　价	32.00 元	

前　言

当前，新一代信息技术正在全球孕育兴起，科技创新、产业形态和应用格局正发生着重大变革。随着数据获取和计算技术的进步，大数据已成为一种新的国家战略资源，并引起了学术界、产业界、政府及行业用户等的高度关注。世界主要发达国家已经相继制定了促进大数据产业发展的政策法规，积极构建大数据生态，实施大数据国家战略。

大数据技术正处于快速发展之中，不断有新的技术涌现。基于互联网技术而发展起来的大数据技术，将会有颠覆性的影响。

本书定位为大数据专业课程的导论课教材，以"构建知识体系，阐明基本原理，开展初级实践，了解相关应用"为原则，旨在为读者搭建起通往大数据知识空间的桥梁，为读者在大数据领域的"精耕细作"奠定基础、指明方向。本书主要帮助读者掌握大数据的基本原理和基本知识，熟悉大数据技术在多个行业的应用，加深读者对大数据的理解。本书注重知识结构的基础性与完整性，确保技术内容的通用性、普适性与先进性，遵循教育规律，加强能力培养，同时附加大数据实操案例，开阔读者视野，启发创新思维。

本书共8个章节，从概念、技术、应用以及发展等方面，全面介绍了当前大数据的体系与基本发展情况。第1章主要介绍与大数据相关的基础概念，包括大数据的特征、计量、生命周期以及当前时代大数据的重大变革；第2章主要介绍大数据的生态系统，包括 Hadoop、HDFS、MapReduce 以及编程语言 Python、Spark 和 R 语言；第3章主要介绍大数据采集的工具技术和大数据预处理阶段的相关技术与方法，包括数据采集的分类、工具，数据清洗的任务、过程以及网络爬虫的实例介绍；第4章详细介绍了数据挖掘与分析的相关知识，包括大数据分析的概念、流程、特点、难点，数据认知以及数据建模知识，附加数据挖掘与分析的案例详解；第5章围绕大数据可视化展开讨论，介绍其作用与分类，并剖析其发展历史以及未来的发展方向与挑战；第6章主要介绍大数据分别在互联网行业、金融行业、保险行业以及旅游行业的应用；第7章根据目前大数据发展的现状，对大数据安全以及大数据所面临的安全威胁做出了详细剖析；第8章为大数据案例实操分析，主要通过实践案例来加深读者对前面章节的学习理解。

本书由樊继慧、李旭耀主编。本书主编结合自己在广州理工学院多年的工作经验，以大量事实数据为基础，进行研究工作；高新凯老师为本书资源建设做了很多有益工作。中国水利水电出版社的有关负责同志对本书的出版给予了大力支持。本书在编写过程中参考了大量国内外计算机网络文献资料，在此，谨向这些著作者以及为本书出版付出辛勤劳动的同志深表感谢！

期待读者在本书的介绍中能得到关于大数据的基础理解与收获，由于编者能力有限，书中难免存在不足之处，望广大读者不吝赐教。

编　者

2022 年 6 月

广州理工学院

目　录

第1章　概论

本章导读

大数据已经成为提升国家和企业竞争力的关键因素，被称为"未来的新石油"。但笔者认为大数据只是互联网发展到如今的一种表面现象或特征而已，没有必要对它产生敬畏心理或将它神化。那些原本难以收集和使用的数据在以云计算为代表的技术创新大幕的衬托下，开始变得更容易被利用。大数据将会在各行各业的不断创新下逐渐为人类创造更多价值。若要对大数据有系统的认知，就必须全面而细致地分解它。在此，笔者将大数据结构分为以下三个层面。

第一层面是认知的必经之路，是被广泛认同和传播的基线——理论。笔者会从对大数据的价值探讨来深入解析大数据的宝贵之处；从大数据的体量特征来说明行业对大数据的整体描绘与定性；从对大数据现状与未来的分析去洞彻大数据的未来发展趋势；从大数据隐私这个既特别又重要的角度来观察人与数据之间漫长的博弈。

第二层面是大数据价值体现的门径和前进基石——技术。笔者将分别从云计算、存储技术、感知技术和分布式处理技术的发展来讲述大数据从采集、处理、存储到形成结果的整体过程。

第三层面是大数据的最终价值体现——实践。笔者将分别从个人的大数据、企业的大数据、政府的大数据和互联网的大数据四个方面来描绘大数据造就的美好景象与未来的发展蓝图。

本章要点

- ◉ 大数据概念和特征
- ◉ 大数据生命周期
- ◉ 大数据时代的重大变革

1.1　揭秘大数据

最先提出大数据时代到来的是世界级领先的咨询公司麦肯锡，该公司称："数据，已经渗透到当今每一个行业和业务职能领域，成为重要的生产因素。人们对于海量数据的挖掘和运用，预示着新一波生产率增长和消费者盈余浪潮的到来。"

IBM 最早将大数据的整体特征总结为四个"V"，即 Volume（体量）、Variety（多样）、Value（价值）、Velocity（速度），也可理解为将大数据特征分为四个方面：

- ● 数据体量巨大。大数据的起始计量单位至少是 PB（$1PB=2^{10}TB$）、EB（$1EB=2^{10}PB$）或 ZB（$1ZB=2^{10}EB$）。

- 数据类型繁多。比如图片、视频、网络日志、地理位置信息等。
- 价值密度低，商业价值高。
- 处理速度快。这也是和传统的数据挖掘技术有着本质不同的一点。

但四个"V"或简单的四个方面并不能完整地说明大数据的所有特征，图 1-1 所示则是对大数据的部分相关特性做出了更有效的说明。

图 1-1　大数据特性词云

有道是："三分技术，七分数据，得数据者得天下。"无论这句话是谁说的，它的正确性都毋庸置疑。维克托·迈尔 - 舍恩伯格在《大数据时代》一书中列举了上百条例证，只为了说明一个道理：在大数据时代已经到来的时候要用大数据思维去挖掘大数据的潜在价值。作者在书中提及最多的是：Google（谷歌公司）如何利用用户的搜索记录发掘出数据的二次利用价值；Amazon（亚马逊公司）如何利用人们的浏览历史和购买记录来进行有针对性的购书推荐；Farecast 公司如何利用过去十年所有航线票价的打折数据来预测顾客购买机票的时机是否合适。

那大数据思维究竟是什么呢？维克托·迈尔 - 舍恩伯格认为：一是需要全部数据样本而不是抽样；二是关注效率而不是精确度；三是关注相关性而不是因果关系。

阿里巴巴集团的王坚对大数据也有一番独到见解："今天的数据不是大，真正有意思的是数据变得在线了，这个恰恰是互联网的特点。""非互联网时期的产品，功能一定是它的价值，今天互联网的产品，数据一定是它的价值。""你千万不要想着拿数据去改进一个业务，这不是大数据。你一定是去做了一件以前做不了的事情。"是的，大数据真正的价值在于创造，在于填补无数未曾实现过的空白。

有人将大数据比作蕴藏巨大能量、丰富种类的煤矿，每种煤矿的挖掘成本大不相同。矿商不会只选择面积大但价值低的煤矿，也不会只选择价值高但难开采的煤矿。与此类似，大数据并不在"面积大"，而在于"质量高"，挖掘成本、价值含量比数量更加重要。

在投资者眼中，大数据就是"资产"。在 Facebook（脸书公司）上市时，资产评估机构将其社交网站上的数据评定为有效资产，这些数据资产占据了全部资产的大部分。如果将大数据比作一种产业，那么，能否通过提高数据加工能力来实现数据增值就是这类产业是否可以盈利的关键。

Target 超市统计了二十多种孕妇可能会购买的商品，并将所有顾客的购买记录整理为一份数据，通过建模分析购买者的行为相关性，从而准确推算出孕妇的具体分娩日期。如此一来，Target 超市的销售部门就可以根据分析结果，有针对性地给每一位处在不同孕期阶段的顾客寄送相对应的产品优惠券。

上述案例非常典型，同时也印证了维克托·迈尔 - 舍恩伯格提出的一个具有方向性的观点：可以通过监控一个关联物来预测未来。Target 超市就是通过监控顾客购物的品种和时间来预测顾客的孕期，从而可以准确地送出相对应的优惠券。如果想要知道当前哪些道路正在堵车，那就可以通过采集驾驶员手机的 GPS 数据来进行分析预测，得到分析结果后可以及时发布道路交通提醒；如果想要了解哪些区域的活跃人群较多，那么就可以通过获取汽车的 GPS 位置数据来分析汽车聚集的区域，得出的数据还可以与广告投放商进行交易，方便广告商精准投放广告。

无论大数据的核心价值是不是预测，基于大数据形成决策的模式已经为不少企业带来了盈利和声誉。

分析大数据的价值链条可以得出其中存在的三种模式：第一种是有数据，但没有利用好，比较典型的是电信行业、金融机构等；第二种是没有数据，但有大数据思维，知道如何利用数据，比如 IT 咨询和服务企业〔Oracle（甲骨文公司）、Accenture（埃森哲公司）、IBM 等〕；第三种是既有数据，又有大数据思维，例如 Google、Amazon、Mastercard Internationa（万事达卡国际组织）等。

未来在大数据领域最具有价值的：一是拥有大数据思维的人，二是从未被大数据触及过的业务领域。拥有大数据思维的人可以将大数据的潜在价值转化为实际利益，而那些未被触及的领域则可以说成是还未被挖掘过的油井、金矿，是所谓的蓝海。

零售行业巨头 Wal-Mart 的分析人员在每个销售阶段都会全面地分析所有销售记录。他们曾在某次分析工作中发现两组虽不相关但却很有价值的数据：在美国的飓风季节，超市的蛋挞和抵御飓风物品销量竟同时大幅增加。随即他们做出一个明智的决策——将蛋挞的销售位置移到抵御飓风物品销售区域旁边。由于顾客挑选这两种商品变得更加方便，因此蛋挞的销量又提高了不少。

这种例子真实地发生在各行各业，从其中可以知道，人们能否获得大数据的价值取决于把握数据的人是否拥有大数据思维。与其说是大数据创造了价值，不如说是大数据思维触发了新的价值增长。下面我们来看一下大数据在当下的杰出表现。

大数据帮助政府实现灾难预警、市场经济调控、公共卫生安全防范、社会舆论监督，帮助城市预防犯罪、实现智慧交通、提升紧急应急能力，帮助医疗机构建立患者的疾病风险跟踪机制、提升药品的临床使用效果，帮助电力公司有效识别并预警即将发生故障的设备。

大数据帮助航空公司节省运营成本，帮助企业提升营销的针对性、降低库存的成本、减少投资的风险，帮助保险企业识别欺诈骗保行为，帮助快递公司监测分析运输车辆的故障以提前预警维修，帮助企业提升广告投放精准度。

大数据帮助娱乐行业预测歌手、歌曲、电影、电视剧的受欢迎程度，并为投资者分析评估投资风险；帮助旅游网站为游客提供心仪的旅游路线；帮助社交网站提供更准确的好友推荐，为用户提供更精准的企业招聘信息，向用户推荐其可能喜欢的游戏以及适合购买的商品……

这些还远远不够，大数据的身影在未来应该是无处不在的。我们不知道大数据会将人类社会带往哪种最终形态，但值得相信的是，只要发展的脚步还在不断前进，地球的每一个角落最终都会被因大数据而产生的变革浪潮淹没。就像 Amazon 的最终期望："最成功的书籍推荐应该只有一本书，就是用户要买的下一本书。"

当物联网发展到一定规模时，人们只需借助二维码、条形码、RFID（射频识别技术）等就能够唯一标识产品，传感器、视频采集、智能感知、可穿戴设备等技术也能够实时收集信息和分析数据，得到的数据信息就可以支撑智慧城市、智慧交通、智慧医疗等的理念需求，而这些"智慧"在未来将会是大数据的采集来源与重点服务范围。

未来的大数据将会更好地解决商业营销问题、社会问题、科学技术问题，但都离不开一个重要的发展趋势——以人为本的大数据方针。绝大部分的数据都与人类生活息息相关，大数据的发展一定是要解决人的问题。

举个例子，如果能够建立一个独立的个人数据中心，将每个人的体格特征、精神情绪、知识能力、日常习惯等一切除了思维以外的个人信息全部存储下来，那么这些数据就能发挥出巨大的用处。例如：

- 医疗机构可以实时监测用户的身体状况。
- 教育机构可以有针对性地制订教育计划。
- 服务行业可以及时精准地为不同用户提供合适的饮食推荐或其他服务。
- 社交网络可以为用户匹配合适的社交对象，为志同道合的人群举办社交活动。
- 政府可以及时对用户的心理健康问题进行有效的干预，防范犯罪行为的发生。
- 金融机构可以根据用户不同的消费习惯进行合理的财务管理。
- 交通运输等机构可以为用户规划合适的出行方案以及旅途服务。

虽然上述例子给我们带来了美好的遐想，但实际上，这样的美好需要牺牲个人的隐私、利益甚至自由。大数据给我们带来新鲜体验的同时也在潜移默化地改变着人类的生活方式。在手机还未普及的年代，人们都喜欢三五成群，面对面地聊天，但随着互联网和手机的不断普及，人们足不出户也可以随时沟通。大家逐渐习惯了和手机共度时光，人与人之间情感的交流仿佛永远隔着一张"网"。

随着民众隐私意识的日益增强，合法合规地获取数据、分析数据和应用数据，是进行大数据分析时必须遵循的原则。

为此，专家们给出了一些在大数据背景下可以有效保护个人隐私权的建议：①隐私权立法；②减少信息的数字化；③创造良性的信息生态；④人类改变认知（接受忽略过去）；⑤建立数字隐私权基础设施（类似 DRM 数字版权管理）；⑥语境化。但实际上这些建议依然很难使这一情况有实质性的改善。

很多互联网企业也意识到了隐私对于用户的重要性，为了不失去用户的信任，他们采取了很多办法，比如浏览器厂商提供无痕冲浪模式；Google 承诺仅保留用户的搜索记录九个月；社交网站拒绝公共搜索引擎的爬虫进入，并将提供出去的数据全部采取匿名方式处理等。

1.1.1 大数据概念和特征

大数据（Big Data）是指无法用现有的软件工具提取、共享、搜索、存储、分析和处理的海量且复杂的数据集合。

一般意义上认为，数据就是数值，是通过观察、实验或计算得出的结果。而从大数据的层面上看，数据是指通过观察或计算得出的未经处理的原始信息记录。一般来说，原始数据缺乏一定的组织、规律及分类，无法明确地表达事物代表的意义，它可能是一整箱的报纸、一整沓的杂志、好几份会议记录或是某位病人的整本病历记录。

因此，数据是描述事物的符号记录，可以被定义为有意义的实体，涉及事物的存在形式。数据可以是连续的值，比如声音、图像，称为模拟数据；也可以是离散的，如符号、文字，称为数字数据。

在高速发展的信息时代，新一轮科技革命与变革正在加速推进，技术创新日益成为重塑经济发展模式和促进经济增长的重要驱动力量，而大数据无疑是核心推动力。

那么应该如何理解大数据呢？从字义上理解，大数据就是巨量的数据的意思。至于巨量是什么概念，不同的学者或机构有不同的理解，难以得出一致的解释。只能说，大数据的计量单位已经越过 TB 级别发展到用 PB、EB、ZB、YB 甚至 BB 来衡量。

麦肯锡公司是最早提出"大数据"这一概念的，该公司对大数据的定义是：一种规模大到在获取、存储、管理、分析方面大大超出了传统数据库软件工作能力范围的数据集合，具有价值密度低、快速的数据流转、海量的数据规模以及多样的数据类型四大特征。

而最具权威的 IT 研究机构 Gartner 对大数据的定义是：大数据是需要新处理模式才能具有更强的决策力、洞察发现力和流转优化能力来适应海量、高增长率和多样化的信息资产。

从技术角度分析，单纯掌握庞大的数据并不是大数据的战略意义，能够专业地处理有意义的数据才是大数据真正的战略意义。换言之，如果把大数据比作一种产业，那么这种产业是否盈利的关键在于能不能提高对数据的加工能力，通过"加工"实现数据的"增值"。

现在大数据是一种前沿技术，这一技术可以帮助企业从多种多样的数据中获取有价值的信息，同时也会影响到企业未来的发展方向。与传统的数据分析相比，大数据分析具有信息量大、分析查询复杂的特点。任何一个行业或领域的数据库都是非常庞大的，但使用撷取和管理技术就可以对这些数据进行分析。

面对海量的行业数据，大数据技术能做出高效、快速的反应。现在市场变化与发展是非常迅速的，只有足够快的数据分析才能够满足性能上的要求。企业在使用大数据技术时，一定要注意大数据平台的创建。

不同的行业数据来源、非结构化数据都具有多样性特征，在进行数据管理与分析前，要进行数据清洗与整理，通过分析与筛选技术得到有价值的信息。虽然有时数据采集会存在采集不及时、数据不够全面或数据不连续的问题，但当采集的数据达到一定规模时，通过大数据技术即可获得需要的数据。

再次思考，大数据技术是什么呢？大数据技术能随时对海量数据进行处理，任何一个细微的数据分析都蕴含着巨大的价值。在大数据时代，每一个人都能享受到大数据技术带来的便利，大数据统计能让企业未来发展得更好。

大数据的特征在业界通常使用本书前面提到的四个"V"来概括，具体解析如下：

（1）数据体量巨大。到目前为止，人类生产的所有印刷材料的数据量是 200PB，而历史上全人类说过的所有的话的数据量大约是 5EB。典型的个人计算机硬盘容量为 TB 量级，而一些大企业的数据量已经接近 EB 量级。

（2）数据类型繁多。数据可以分为结构化数据和非结构化数据两种。比起以往便于存储的以文本为主的结构化数据，非结构化数据越来越多，包括图片、音频、视频、网络日志、地理位置信息等，这些类型丰富的数据对数据的处理能力提出了更高的要求。

（3）价值密度低。价值密度的高低与数据总量的大小成反比。以视频为例，一部一小时的视频，在连续不间断的监控中，有用的数据可能仅有一两秒。如何通过强大的机器算法更迅速地完成数据的价值"提纯"成为目前大数据背景下亟待解决的难题。

（4）处理速度快。这是大数据区分于传统数据挖掘的最显著特征。根据 IDC 的"数字宇宙"的报告，预计到 2025 年，全球数据使用量将达到 163ZB。在如此海量的数据面前，处理数据的效率就显得非常重要了。

1.1.2　大数据的计量

我们传统的个人计算机处理的数据，一般为 GB/TB 级别。例如现在市面上的硬盘通常是 1TB/2TB/4TB 的容量。

TB、GB、MB、KB 的关系如下：

1KB=1024B

1MB=1024KB

1GB=1024MB

1TB=1024GB

然而大数据是 PB/EB 级别。简单理解 PB 就是 TB 的 1024 倍，EB 是 PB 的 1024 倍：

1PB=1024TB

1EB=1024PB

单看这几个字母不够直观，下面用几个例子来说明。

1TB，只需要一块硬盘就可以存储。容量大约是 20 万张照片、20 万首 MP3 音乐，或者是 671 部《红楼梦》小说。

1PB，需要大约两个机柜的存储设备。容量大约是 2 亿张照片或 2 亿首 MP3 音乐。如果一个人一天 24 小时不间断地听这些音乐，听完需要 1900 年。

1EB，需要大约 2000 个机柜的存储设备。如果并排放这些机柜，长度可以达到 1200 米。如果摆放在机房里，则需要 21 个标准篮球场大小的机房才能放得下。

阿里巴巴、百度、腾讯这样的互联网巨头，数据量据说已经接近 EB 级。但 EB 级并不是最大的级别，目前全人类的数据量，是 ZB 级：

1ZB=1024EB

2011 年，全球被创建和复制的数据总量是 1.8ZB。直至 2020 年，全球数据量就达到了 60ZB，预估 2025 年，全球数据总量将会达到 163ZB。如此庞大的数据量需要一个面积达到 196 个鸟巢体育场那么大的机房才能存放得下。

目前的大数据应用，还没有达到 ZB 级，主要集中在 PB/EB 级别。

数据的增长为什么会如此之快？说到这里，就要回顾一下人类社会数据产生的几个重要阶段。大致来说，分为三个重要的阶段。

第一阶段发生在计算机问世后。尤其是数据库的出现，大大降低了数据管理的复杂度。各行各业产生的数据都开始被记录在数据库中。此时的数据主要都是结构化数据。数据的产生方式，也是被动的。

第二阶段伴随着互联网 2.0 时代出现。互联网 2.0 最重要的标志就是用户原创内容。随着互联网和移动通信设备的普及，人们开始使用博客、Facebook、YouTube 等社交网站，从而主动产生了大量的数据。

第三阶段是感知式系统阶段。随着物联网的发展，各种各样的感知层节点开始自动产生大量的数据，例如遍布世界各个角落的传感器、摄像头等。

经过了"被动—主动—自动"这三个阶段的发展，人类数据总量最终极速膨胀。

1.1.3　大数据生命周期

数据就像企业其他资产一样，具有生命周期。企业进行大数据治理，就需要管理数据资产，也就是要管理数据的生命周期。数据生命周期管理，需要对数据从产生、存储、维护、使用到消亡的整个过程进行监控和管理。例如，企业数据管理人员需要决定数据如何被创建、如何被修改、如何演变，哪些数据应该保留在运营和分析系统中、哪些数据需要存档、哪些数据需要删除。数据生命周期管理需要通过平衡压缩和存档的政策及工具来降低存储成本，提高绩效，还需要结合企业当前的业务需求将没有价值的数据合理摒弃。在其生命周期中，数据可能被提取、导入、导出、迁移、验证、编辑、更新、清洗、转型、转换、整合、隔离、汇总、引用、评审、报告、分析、挖掘、备份、恢复、归档和检索，最终被删除。数据的价值一般是在使用期间得到体现，一时发挥不了用处的数据，或许在未来真正使用的时候它的价值才能发挥作用。数据生命周期的所有阶段都有相关的成本和风险，但只有在使用阶段，数据才能够带来商业价值。

近年来，大数据在我们的生活中无处不在，大数据时代早已到来。在数据量不断增长的背景之下，如何正确且有效地利用数据成为一个至关重要的问题。如果要解决这一难题，实现高效的数据交易，就需要完善现有的大数据市场。

如今国内外都有很多大数据交易市场。国内，贵阳大数据交易所等和中国联通、宝钢集团等众多企业合作，利用电子交易系统向全球提供和大数据有关的交易。国外的 Azure、Datamarket 等，拥有众多公司和机构收集的授权可交易数据。然而，现有的大数据交易市场还存在很多问题。如果想要解决这些问题，就必须了解大数据的生命周期。

数据生命周期指的是数据从产生到销毁的完整过程。师荣华等人认为，数据生命周期是由科学研究的流程发展衍生而来的，是一个从数据生成、处理到数据存储、归档再到最后重复利用的循环过程。其实大数据生命周期和信息生命周期在大多数场景中都极为相似。

现阶段大数据生命周期的主要研究范围包括大数据生命周期模型和大数据生命周期管理两个方面。

（1）大数据生命周期模型。

林焱等人认为，进行数据管理的前提是解决数据周期的复杂性，即降低对数据执行传输、归档、复制、删除等操作的难度，并提出用 UCSD、DCC 和 DDI 3.0 三个数据生命周期模型来解决此问题。马晓亭等人根据大数据生命周期理论具体分析了图书馆读者隐私保护生命周期管理模型，并根据大数据的生命周期发展规律，提出在完善和优化传统的防火墙和数据加密等安全防护技术外，还应采用大数据安全性评估、云存储安全管理等技术不断提升风险评估和安全管理水平。这些技术可以运用到大数据交易过程的数据保护中。

（2）大数据生命周期管理。

索传军等人认为，数据生命周期管理的核心是让各种信息的价值在不同的阶段得到体现。企业高效地挖掘出自己所拥有数据的价值，并进行有效管理，从而降低企业的成本，提高收益。

根据国内外对大数据的研究，我们将大数据的生命周期总结为五个阶段。

第一阶段：数据收集。随着设备的进步和物联网的发展，收集有用的数据变得越来越容易。数据收集分为三个步骤：

1）第一步是收集数据。通过不同的数据采集技术收集多种类型的数据，由数据所有者存储所有收集到的原始数据。

2）第二步是加工数据。数据所有者在采集数据后需要对原始数据进行加工处理，包括清洗、分类、脱敏、建模分析、合理分组等。

3）第三步是验证数据。为了确保处理后的数据是可用的和有意义的，数据验证是必要的。此外，要随机选择样本数并检查其可用性。

第二阶段：数据分析。在完成数据采集并进行初步的数据预处理后，就进入从数据集中提取商业价值最重要的两个步骤，即机器学习和以数据挖掘技术为基础的数据分析。数据分析的好处包括提升社会影响力营销、基于客户的营销以及销售营销的机会。

第三阶段：数据定价。一个合理的价格可以保证数据所有者和消费者双方的经济利益。但目前，由于缺乏统一的定价机制，每家数据交易平台定价各不相同，导致数据市场定价混乱，严重影响了交易秩序。一般数据平台的定价策略有固定定价、平台预订、协议定价等。现有的定价模型分为两类：一类是基于经济理论的定价模型，比如消费者感知模型、成本模型、差别定价模型；另一类较为常见的则是基于博弈论的定价模型，比如基于博弈理论的拍卖定价、讨价还价模型等。

第四阶段：数据交易。随着数据量的迅速增长，数据获取技术也迅速发展，包含了全面内容和细节的海量数据集变得越来越有价值。无论是政府还是企业都需要这样的数据来帮助自己更好地完成工作。

大数据交易有两个主要目的：一是使数据交易者从数据交易过程中获取可观的利润，二是满足消费者对大数据的需求。消费者可以利用这些数据来改进他们的产品或服务。例如，阿里巴巴等平台会产生大量数据，当其中的地理位置等数据被物流公司使用时，物流公司就可以根据这些信息合理规划物流中心的位置，平台也能获得相应的报酬。这是一个对消费者和交易者都有好处的过程。如果没有数据交易，数据就是静态的信息孤岛。因此，数据交易能让数据流动起来，实现数据的商业价值，打造出一个双赢的市场。

与传统商品交易一样，大数据交易最基本的要求是公平和真实。但是，大数据作为一种数字商品，其特殊性又决定了与传统商品不一样的交易手段和方式。大数据商品是在网络上进行交易的虚拟商品，整个交易过程对于商家和消费者都是不透明的，因此就要求供应商、消费者和第三方平台之间做到真实和公平。为此，有人提出建立一个具有公平协议的交易市场，也有人认为要加强保密技术，但解决这个问题是需要多方合作的。首先，需要一个可信的大数据平台；其次，是要规范交易制度、完善定价机制；再次，政府要起到积极的引导作用，尽快出台相关政策；最后，是交易者之间要严守规范，避免权利受到伤害。

第五阶段：数据版权保护。这是大数据生命周期不可或缺的最后一个阶段。因为大数据的复制成本很低，如果买方以更低的价格转售已购买的数据，卖方的数据价值就会受到严重影响，这样会导致市场混乱。为了保证数据所有者的合法权益不受影响，保护数据版权势在必行。

目前保护数据版权的办法主要有：①加密内容、添加内容水印和创建数字签名；②使用访问控制组件，对访问身份进行管理，并提供凭据给需要访问受保护的数字内容的用户，还能监视授权用户的行为，为不同的用户设置不同的访问权限；③使用许可证管理组件，它向授权用户发布许可证，例如密钥、身份验证代码等，并控制和检查许可证的有效期。

1.1.4　大数据与云计算

实时的大数据分析需要使用分布式处理框架向数百、数千或甚至数万台计算机分配工作，因此大数据常和云计算联系到一起。可以说，如果云计算是工业革命时期的发动机，那么大数据则是电。云计算思想是麦肯锡公司在 20 世纪 60 年代提出的，即把计算能力作为一种像水和电一样的公用事业提供给用户。如今，在 Google、Amazon、Facebook 等一批互联网企业的引领下，一种行之有效的模式出现了：大数据应用运行在云计算提供的基础架构平台上。业界形容两者的关系为：没有大数据的信息积淀，云计算的计算能力再强大，也难以找到用武之地；没有云计算的处理能力，大数据的信息积淀再丰富，也终究只是镜花水月。

那大数据究竟需要怎样的云计算技术呢？常见的有实时流数据处理、分布式处理技术、虚拟化技术、海量数据的存储和管理技术、NoSQL、智能分析技术（类似模式识别以及自然语言理解）等。

云计算和大数据两者结合后会产生如下效应：①可以提供更多基于海量业务数据的创新型服务；②通过云计算技术的不断发展降低大数据业务的创新成本。

云计算与大数据相比有两个明显不同的地方。第一，两者的概念不同。云计算改变了 IT，而大数据则改变了业务，"云"作为大数据的基础架构，支撑着大数据的运营。第二，两者的目标受众不同。云计算是 CIO 等关心的技术层，是一个进阶的 IT 解决方案，大数据则是 CEO 关注的，是业务层的产品，而且大数据的决策者也是业务层。

分布式处理系统的定义：系统可以将不同地点的或具有不同功能的或拥有不同数据的多台计算机用通信网络连接起来，在控制系统的统一管理控制下，协调地完成信息处理任务。以 Hadoop（Yahoo）为例进行说明，Hadoop 是一个实现了 MapReduce 模式的软件框架，能够对大量数据进行分布式处理。而 MapReduce 是 Google 提出的一种云计算的核心计算模式，是一种分布式运算技术，也是简化的分布式编程模式。MapReduce 模式的主要思想是将自动分割要执行的问题（例如程序）拆解成 map（映射）和 reduce（化简）的方式，在数据被分割后通过 Map 函数的程序将数据映射成不同的区块，分配给计算机机群处理达到分布式运算的效果，再通过 Reduce 函数的程序将结果汇整，从而输出开发者需要的结果。

Hadoop 有很多特性。首先，它是可靠的，因为它假设计算元素和存储会失败，因此它维护多个工作数据副本，确保能够针对失败的节点重新分布处理。其次，Hadoop 是高效的，因为它以并行的方式工作，通过并行处理加快处理速度。再次，Hadoop 是可伸缩的，能够处理 PB 级数据。最后，Hadoop 的成本也很低，因为它是依赖于社区服务器的，任何人都可以使用。

Hadoop 用到的一些技术如下：

- Hadoop 分布式文件系统——HDFS（Hadoop Distributed File System）。
- MapReduce：并行计算框架。
- HBase：类似 Google BigTable 的分布式 NoSQL 列数据库。
- Hive：数据仓库工具，由 Facebook 贡献。
- Zookeeper：分布式锁设施，提供类似 Google Chubby 的功能，由 Facebook 贡献。
- Avro：新的数据序列化格式与传输工具，将逐步取代 Hadoop 原有的 IPC 机制。

- Pig：大数据分析平台，为用户提供多种接口。
- Ambari：Hadoop 管理工具，可以快捷地监控、部署、管理集群。
- Sqoop：用于 Hadoop 与传统的数据库间进行数据的传递。

为了方便读者理解对于大数据的运作处理机制，下面用淘宝的海量数据技术架构进行举例。

淘宝的海量数据产品技术架构自上而下地分为五个层次：数据来源层、计算层、存储层、查询层和产品层。

（1）数据来源层。此层存放着淘宝各店的交易数据。在数据来源层产生的数据，通过 DataX、DbSync 和 Timetunel 准时地传输到第 2 点所述的"云梯"。

（2）计算层。在这个计算层内，淘宝采用的是 Hadoop 集群，暂且称这个集群为云梯，是计算层的主要组成部分。在云梯上，系统每天会对数据产品进行不同的 MapReduce 计算。

（3）存储层。在这一层，淘宝采用了两个东西：一个是 MyFox，一个是 Prom。MyFox 是基于 MySQL 的分布式关系型数据库的集群，Prom 是基于 Hadoop Hbase 技术的一个 NoSQL 的存储集群。

（4）查询层。在这一层中，Glider 是以 HTTP 协议对外提供 restful 方式的接口。数据产品通过唯一的 URL 来获取到它想要的数据。同时，数据查询即是通过 MyFox 来查询的。

（5）最后一层是产品层。

大数据可以抽象地分为大数据存储和大数据分析，大数据存储的目的是支撑大数据分析。但两者是两种不相同的计算机技术领域，大数据存储致力于研发可以扩展至 PB 甚至 EB 级别的数据存储平台，而大数据分析则关注如何在最短时间内处理大量不同类型的数据集。

说到存储，相信大家都听过著名的摩尔定律：每 18 个月集成电路的复杂性就增加一倍。所以，存储器的成本大约每 18 ～ 24 个月就下降一半。成本的不断下降使大数据产生可存储性。

Google 管理着超过 50 万台服务器和 100 万块硬盘，目前还在不断地增强计算能力和存储能力，其中很多的扩展都是在廉价服务器和普通存储硬盘的基础上进行的，这大大降低了其服务成本，因此可以将更多的资金投入到技术的研发当中。

Amazon S3 是一种面向 Internet 的存储服务。该服务旨在让开发人员能更轻松地进行网络规模计算。Amazon S3 提供一个简明的 Web 服务界面，用户可通过它随时在 Web 上的任何位置存储和检索任意大小的数据。此服务让所有开发人员都能访问同一个高扩展、可靠、安全和快速价廉的基础设施，Amazon 用它来运行其全球的网站网络。再看看 S3 的设计指标：在特定年度内为数据元提供 99.99% 的耐久性和 99.99% 的可用性，并能够承受两个设施中的数据同时丢失。此外，云创大数据的 cStor 云存储系统采用了先进的网络通信技术、云计算技术以及分布式文件系统技术，将硬件存储节点组织管理起来，以提供高可靠、高性能的存储。基于此，cStor A8000 云存储系统一体机集中供电、集中散热，每个机架最大可搭载总存储容量 3.8PB，但整体功耗却比传统方式节省 10 倍，全面展现了新一代高密度云存储产品的高容量、高性能以及节能环保的绿色魅力，已经广泛用于电信、平安城市等多个领域的海量数据存储与处理。

大数据采集和感知技术的发展是紧密联系的。以传感器技术、RFID 技术、指纹识别技术等为基础的感知能力提升同样是物联网发展的基石。全世界的工业设备、汽车、电表上有着无数的数码传感器，随时测量和传递着有关位置、温度、湿度、运动、震动乃至空气中化学物质的变化，都会产生海量的数据信息。智能手机的普及使感知技术进入发展高峰期，除了地理位置信息被广泛应用外，一些新的感知手段也陆续上线，比如新型手机可通过呼气直接检测燃烧脂肪量；微软正在研发可感知用户当前心情的智能手机技术；谷歌眼镜 InSight 新技术可通过衣着进行人物识别。此外，还有很多使我们耳目一新的与感知相关的技术革新：牙齿传感器实时监控口腔活动及饮食状况；婴儿穿戴设备可利用大数据提供科学的养娃秘籍；Intel 正在研发可追踪眼球读懂情绪的 3D 笔记本摄像头；日本公司正在开发新型可监控用户心率的纺织材料；业界正在尝试将生物测定技术引入支付领域等。事实上，这些感知被捕获的过程就是这个世界被数据化的过程，一旦世界被完全数据化，那么世界的本质就是信息了。

1.1.5 大数据时代的重大变革

互联网上的数据每年增长 50%，每两年翻一番，而目前世界上 90% 的数据都是最近几年才产生的。互联网是大数据发展的前哨阵地，随着 Web 2.0 时代的发展，人们似乎都习惯了将自己的生活通过网络进行数据化，方便分享、记录和回忆。

互联网上的大数据界限并不清晰，我们先看看中国互联网公司三巨头（百度、阿里巴巴、腾讯）的大数据。

百度拥有用户搜索表征的需求数据以及爬虫和阿拉丁获取的公共 Web 数据。搜索巨头百度围绕数据而生。它对网页数据的爬取、网页内容的组织和解析，通过语义分析对搜索需求的精准理解进而从海量数据中找准结果，以及精准的搜索引擎关键字广告，实质上就是一个数据的获取、组织、分析和挖掘的过程。处在大数据时代的搜索引擎也面临着许多的挑战：更多的 Web 化但是没有结构化的数据；更多的 Web 化、结构化但是封闭的数据。

阿里巴巴拥有交易数据和信用数据。这两种数据更具有商业价值，更容易变现。除此之外，阿里巴巴还通过投资等方式掌握了部分移动数据、社交数据，比如微博和高德。

腾讯拥有用户关系数据和基于此产生的社交数据，利用这些数据可以分析人们的生活和行为，从里面挖掘出社会、政治、商业、文化、健康等领域的信息，甚至预测未来。

在信息技术更为发达的美国，除了行业知名的 Google、Facebook 外，已经涌现了很多大数据类型的公司，它们专门经营数据产品，比如：

- Metamarkets：这家公司对 Twitter、支付、签到和一些与互联网相关的问题进行了分析，为客户提供了很好的数据分析支持。
- Tableau：其精力主要集中于将海量数据以可视化的方式展现出来，为数字媒体提供了一个新的展示数据的方式。Tableau 提供了一个免费工具，任何人在没有编程知识背景的情况下都能制造出数据专用图表。这个软件还能对数据进行分析，并提供有价值的建议。
- ParAccel：其向美国执法机构提供了数据分析服务，比如对 15000 个有犯罪前科的人进行跟踪，从而向执法机构提供了参考性较高的犯罪预测，他是犯罪的预言者。
- QlikTech：QlikTech 旗下的 Qlikview 是一个商业智能领域的自主服务工具，能够应用于科学研究和艺术等领域。为了帮助开发者对这些数据进行分析，QlikTech 提供了对原始数据进行可视化处理等功能的工具。
- GoodData：GoodData 希望帮助客户从数据中挖掘财富。这家创业公司主要面向商业用户和 IT 企业高管，提供数据存储、性能报告、数据分析等工具。

- TellApart：TellApart 和电商公司进行合作，他们会对用户的浏览行为等数据进行分析，通过锁定潜在买家的方式提高电商企业的收入。

- DataSift：DataSift 主要收集并分析社交网络媒体上的数据，并帮助品牌公司掌握突发新闻的舆论点，并制订有针对性的营销方案。这家公司还和 Twitter 有合作协议，使得自己变成了行业中为数不多可以分析早期 Twitter 的创业公司。

- Datahero：公司的目标是将复杂的数据变得更加简单明了，方便普通人去理解和想象。互联网大数据的典型代表性包括用户行为数据（精准广告投放、内容推荐、行为习惯和喜好分析、产品优化等）、用户消费数据（活动促销、精准营销、信用记录分析、理财等）、用户地理位置数据（O2O 推广、商家推荐、交友推荐等）、互联网金融数据（信用、小额贷款、P2P、支付、供应链金融等）、用户社交等 UGC 数据（趋势分析、舆论监控分析、流行元素分析、社会问题分析、受欢迎程度分析等）。

同时，提供数据托管服务的大数据平台也应运而生，比如万物云与环境云。

作为智能硬件大数据免费托管平台，万物云（http://www.wanwuyun.com）可无限承载海量的物联网和智能设备数据。通过使用多种协议，各种智能设备将安全地向万物云提交产生的设备数据，在服务平台上进行存储和处理，并通过数据应用编程接口向各种物联网应用提供可靠的跨平台的数据查询和调用服务。万物云在大幅度降低物联网数据应用的技术门槛及运营成本的同时，也满足了物联网产品原型开发、商业运营和规模发展各阶段需求。目前，万物云的注册用户达到 3748 家，入库数据超过 150 亿条。

环境云则是一个全面而便捷的综合环境大数据开放平台，收录权威数据源（中央气象台、国家环保部数据中心、美国全球地震信息中心等）所发布的各类环境数据，接收云创自主布建的全国各类环境监控传感器网络（包括空气质量指标、土壤环境质量指标检测网络等）所采集的数据，并结合相关数据预测模型生成的预报数据，依托数据托管服务平台万物云所提供的数据存储服务，推出了一系列功能丰富、便捷易用的综合环境数据 REST API，配合详尽的接口使用帮助，为环境应用开发者提供丰富可靠的气象、环境、灾害以及地理数据服务。此外，环境云还为环境研究人员提供了自定义数据报表生成和下载功能，并向公众展示环境实况。目前，环境云的入库数据已经超过 13 亿条。

在未来，每一位用户都可以在互联网上注册只属于个人的数据中心，以存储有关个人的全部信息。用户通过可穿戴设备或植入芯片等感知技术采集捕获个人的数据信息，同时也可以决定哪些个人数据可被外界采集，例如体温数据、心率数据、牙齿监控数据、视力数据、饮食数据、记忆能力、地理位置信息、购物数据、社会关系数据、运动数据等。用户可以选择将其中的牙齿监测数据授权给牙科诊所监控和使用，从而获得有效的牙齿治疗和保护方案；也可以将个人的运动数据授权提供给运动健身机构，由他们监测自己的身体运动机能，并得到适合自己的健身计划；还可以将个人的消费数据授权给金融理财机构，由他们帮你制订合理的理财计划并对收益进行预测。当然，其中有一部分个人数据是无需个人授权即可提供给国家相关部门进行实时监控的，比如罪案预防监控中心可以实时地监控本地区每个人的情绪和心理状态，以预防犯罪的发生。

以个人为中心的大数据具有以下特性：①数据仅留存在个人中心，其他第三方机构只被授权使用（数据有一定的使用期限），且必须接受用后即焚的监管；②采集个人数据应该明确分类，除了国家立法明确要求接受监控的数据外，其他类型数据都由用户自己决定是否被采集；③数据的使用将只能由用户进行授权，数据中心可帮助监控个人数据的整个生命周期。

1.2　大数据关键技术

（1）数据采集与预处理。利用 ETL 工具将分布的、异构数据源中的数据，如关系数据、平面数据文件等，抽取到临时中间层后进行清洗、转换、集成，最后加载到数据仓库或数据集市中，成为联机分析处理、数据挖掘的基础；也可以利用日志采集工具（如 Flume、Kafka 等）把实时采集的数据作为流计算系统的输入，进行实时处理分析。

（2）数据存储和管理。利用分布式文件系统、数据仓库、关系数据库、NoSQL 数据库、云数据库等，实现对结构化、半结构化和非结构化海量数据的存储和管理。

（3）数据处理与分析。利用分布式并行编程模型和计算框架，结合机器学习和数据挖掘算法，实现对海量数据的处理和分析；对分析结果进行可视化呈现，帮助人们更好地理解数据、分析数据。

（4）数据安全和隐私保护。在从大数据中挖掘潜在的巨大商业价值和学术价值的同时，构建隐私数据保护体系和数据安全体系，有效保护个人隐私和数据安全。

练习 1

1．什么是大数据？有哪些特征？

2．大数据的计量单位有哪些？

3．请简述大数据的生命周期。

第 2 章　大数据生态系统

本章导读

　　目前的大数据技术尚处于发展初期，大数据生态圈亦未发展成熟，许多大型的科技公司纷纷开始策划打造自己的大数据生态体系。从大数据自身的价值空间来看，大数据生态圈的想象空间会非常大。产业链是生态圈的基础，所以了解大数据生态圈的前提是了解产业链。大数据产业链当前可以按照数据采集、数据存储、数据分析和数据应用来划分产业分工，不同的科技企业会专注于不同的环节，从而实现自己的价值增量。大数据产业链在各个环节对参与者有不同的要求，因此大数据产业链有大量各不相同的参与者。技术解决方案是产业链的基础，大数据的技术解决方案可分为两类：一是大数据平台，二是大数据应用。当前整个大数据产业链都依附在大数据平台和大数据应用之上。大型科技企业的技术能力和资源整合能力都比较强，可以把开发大数据平台作为研发重心，而中小型科技企业则可以把大数据应用作为研究重点。大数据应用的想象空间非常大，而且不同行业企业对于大数据应用的需求也不同，这为很多正在创新创业的中小型企业奠定了发展基础。大数据生态的基石是大数据平台，若要掌握大数据生态体系，创建自己的价值空间，就要掌握大数据平台。大数据平台往往是基于云计算平台打造的，所以企业打造大数据平台也是从打造云计算平台开始。在当前的工业互联网时代，企业若想拥抱工业互联网，往往就会从业务上云开始。

本章要点

- Hadoop 简介
- HDFS 简介
- MapReduce 简介
- 大数据编程语言

2.1　Hadoop

　　大数据的"大"不单指数据体量巨大，数据类型也是异常丰富的。在产生于各种渠道的数据中，既有 IT 系统生成的标准数据，也有大量多媒体类的非标准数据，数据类型多种多样。这些数据当中不可避免地会充斥着大量不具有价值的数据，大大地影响了数据的真实性，因此很多数据必须经过实时高效的处理才能体现出价值。

　　在业务复杂或数据量大的情况下，常规技术无法及时、高效地处理如此庞大的数据，这时就可以使用 Hadoop。Hadoop 是由 Apache 软件基金会（ASF）开发的分布式系统基础架构，主要用于解决巨量数据的存储以及分析计算等问题。用户可以在不了解分布式底层细节的情况下编写和运行分布式应用，充分利用集群处理大规模数据。Hadoop 对于机器的要求并不严格，例如已经被淘汰的 PC Server 和租用的云主机，廉价的机器也能满足 Hadoop 的构建条件。

2.1.1　Hadoop 简介

Lucene 框架是 Doug Cutting（道·卡廷）开创的开源软件，在 2001 年年底成为 Apache 软件基金会的子项目之一。它用编程语言 Java 书写代码，实现与 Google Chrome 搜索引擎类似的全文搜索功能。它提供了全文检索引擎的架构，包括完整的索引引擎与查询引擎。

面对海量数据时，搜索引擎 Lucene 与 Google Chrome 有着相同的困难：检索速度慢与存储数据困难。于是 Hadoop 开始学习并模仿 Google Chrome，创建微型版 Nutch 去解决这些问题。可以说 Google Chrome 是 Hadoop 的思想之源。

2003—2004 年，Google 公开了部分 GFS（谷歌文件系统）和编程模型 MapReduce 思想的细节，Hadoop 之父 Doug Cutting 等人以此为基础，用两年业余时间实现了 DFS（深度优先搜索）和 MapReduce 机制，使搜索引擎 Nutch 性能飙升。

2005 年 Hadoop 作为 Lucene 的子项目，Nutch 的一部分被正式引入 Apache 基金会。

2006 年 3 月，MapReduce 和 Nutch Distributed File System（NDFS）分别被纳入到 Hadoop 项目中，Hadoop 就此正式诞生，同时也标志着大数据时代的来临。

Hadoop 三大发行版本分别是 Apache、Cloudera、Hortonworks。Apache 版本是最原始（最基础）的版本，入门学习使用 Apache 版本最为合适；Cloudera 在大型互联网企业中用得较多；Hortonworks 文档较好。

1.　Apache Hadoop

官网地址：https://hadoop.apache.org/。

下载地址：https://archive.apache.org/dist/hadoop/common/。

2.　Cloudera CDH

官网地址：https://www.cloudera.com/downloads/cdh/5-10-0.html。

下载地址：https://www.cloudera.com/downloads.html。

2008 年成立的 Cloudera 是最早将 Hadoop 商用的公司，该公司能为合作伙伴提供 Hadoop 的商用解决方案，主要包括培训、支持及咨询服务。2009 年 Doug Cutting 也加盟了 Cloudera 公司。Cloudera 公司的产品主要为 Cloudera Manager、Cloudera Support 及 CDH。Cloudera Manager 是集群的软件分发及管理监控平台，部署好一个 Hadoop 集群只需要几个小时，还能对集群的节点及服务进行实时监控；Cloudera Support 即是对 Hadoop 的技术支持；CDH 是 Cloudera 的 Hadoop 发行版，完全开源，相比 Apache Hadoop，它的安全性、兼容性及稳定性都有所增强。Cloudera 公司也曾开发并贡献出可实时处理大数据的 Impala 项目。

3.　Hortonworks Hadoop

官网地址：https://hortonworks.com/products/data-center/hdp/。

下载地址：https://hortonworks.com/downloads/#data-platform。

2011 年成立的 Hortonworks 由 Yohoo（雅虎）与 Benchmark Capital（硅谷风投公司）合资组建。雅虎工程副总裁、雅虎 Hadoop 开发团队负责人 Eric Baldeschwieler 出任 Hortonworks 的首席执行官。公司成立之初就吸纳了 25 ～ 30 位专门研究 Hadoop 的雅虎工程师，这些工程师均在 2005 年就开始协助雅虎开发 Hadoop，并且完成了 Hadoop 80% 的代码量。Hortonworks 公司的主打产品是 Hortonworks Data Platform（HDP），也同样是 100% 开源的产品，HDP 除常见的项目外还包括了 Ambari（一款开源的安装和管理系统）。HCatalog 是一个元数据管理系统。HCatalog 现已集成到 Facebook 开源的 Hive 中。Hortonworks 的 Stinger 开创性极大地优化了 Hive 项目。

Hortonworks 为入门级学习者提供了一个优秀且易于使用的沙盒，同时也开发了很多增强特性并提交至核心主干，这使得 Apache Hadoop 能够在包括 Windows Server 和 Windows Azure 在内的 Microsoft Windows 平台上本地运行。

2.1.2　Hadoop 优势

（1）高可靠性：Hadoop 底层维护多个数据副本，即使 Hadoop 某个计算元素或存储出现故障，也不会导致数据丢失。

（2）高容错性：Hadoop 能够自动对执行失败的任务进行重新分配。

（3）高效性：在 MapReduce 的思想下，Hadoop 是并行工作的，因此处理任务的速度非常快。

（4）高扩展性：在集群间分配任务数据，可方便地扩展数以千计的节点。

在 Hadoop 1.x 时代，Hadoop 中的 MapReduce 同时处理业务逻辑运算和资源的调度，耦合性较大，在 Hadoop 2.x 时代，增加了 Yarn。Yarn 只负责资源的调度，MapReduce 只负责运算。

2.2　HDFS

虽然传统的网络文件系统（NFS）也被称为分布式文件系统，但它仍然存在一些限制。因为在 NFS 中的文件都是存储在单机上的，当同时访问 NFS Server 的用户达到一定数量时，就会使服务器压力过大或造成性能瓶颈，所以 NFS 的可靠性并不高。另外，如果需要操作 NFS 中的文件，首先需要将文件同步到本地再进行修改，而未同步到服务器的修改无法被其他客户端查看。即使 NFS 的文件的确放在远端（单一）的服务器上，但某种程度上，NFS 并不算是一种典型的分布式系统。事实上，从 NFS 的协议栈也可以得知，它只是一种 VFS（操作系统对文件的一种抽象）实现。

HDFS 是 Hadoop 抽象文件系统的一种实现。Hadoop 抽象文件系统可以与本地系统、Amazon S3 等集成，甚至可以通过 Web 协议来操作。HDFS 的文件分布在集群机器上，同时提供副本进行容错及可靠性保证。例如，客户端写入或读取文件的直接操作都是分布在集群各个机器上的，不会造成单点性能压力。HDFS 在设计之初就对其应用场景有非常明确的指导原则，适用或不适用于何种类型的应用都在原则中有所说明。

2.2.1　HDFS 体系结构

HDFS 是一种基于 Java 的分布式文件系统，它具有易扩展性、可伸缩性及容错性等优点，它不仅可以部署在低成本硬件上，也可以运行于商用硬件。HDFS 是 Hadoop 的一个分布式存储应用程序，它提供了更接近数据的接口。HDFS 架构包含一个 NameNode、DataNode 和备用 NameNode。

NameNode：HDFS 集群包含一个 NameNode（主服务器），它对客户端访问文件的权限和文件系统命名空间进行控制和管理，同时也维护管理文件系统元数据（构成文件的模块以及存储摸块的数据节点）。

DataNode：HDFS 集群可以包含多个 DataNode，通常集群中的每个节点都有一个DataNode，用于管理运行节点的存储访问。HDFS 中的 DataNode 存储实际数据，可以通过添加 DataNode 来扩展可用空间。

备用 NameNode：备用 NameNode 并不是词义上的"备用"，此服务也并不是真正的备用 NameNode，实际上它不会为 NameNode 提供高可用性（HA），尽管名称是备用NameNode。

2.2.2　HDFS 存储原理

1. 数据的存储冗余

HDFS 采用多副本方式对数据进行冗余存储的方法来保证系统的可用性以及容错性，通常会把一个数据块的多个副本分配到不同节点上。这样操作的优点包括：

（1）加快数据传输速度。

（2）容易检查数据错误。

（3）保证数据的可靠性。

2. 数据存取策略

（1）数据存放。为了提高系统的可用性、数据的可靠性以及充分利用网络带宽，HDFS 采用以 RACK 为基础的数据存放策略。通常，一个 HDFS 集群会包含多个 RACK，不同 RACK 之间的数据通信需要经过交换机或路由器，同一 RACK 则不需要。

HDFS 默认的冗余复制因子是 3，每一个文件块会形成三份副本并保存到不同地方：两份副本放在同一 RACK 的不同机器上，一份放在不同 RACK 的机器上，这样既能提高数据读写能力，也能保证 RACK 出口发生异常时的数据恢复。

（2）数据读取。HDFS 提供了一个可以确定主节点所属 Rack 的 ID——API，客户端通过调用 API 获取自己所属的 Rack ID。当客户端读取数据时，从主节点获取数据块不同副本的存放位置列表，列表中包含了副本所在的从节点，可以调用 API 来确定客户端和这些从节点所属的 Rack ID。当发现某个数据块副本的 Rack ID 和客户端对应的 Rack ID 相同时，就优先选择该副本读取数据。

（3）数据复制。HDFS 的数据复制采用的策略是流水线复制，此方式能很大程度地提高数据复制过程的效率。具体流程如下：客户端向 HDFS 写入文件，文件被写入本地，并被分割成若干块（大小由 HDFS 设定值确定），每个被切分的块向 HDFS 集群中的主节点发送写入请求，主节点返回可写入的从节点的列表，最后块被写入。

3. 数据错误和恢复

（1）主节点出错。确保主节点安全有两种机制：①将主节点上的元数据信息同步存储到其他文件系统；②运行一个第二从节点，当主节点宕机以后，可以利用第二从节点来弥补，进行数据恢复。

（2）从节点出错。每个从节点都会定期向主节点发送信息报告当前状态。当从节点发生故障时，就会被标记为"宕机"，此时主节点就不会再给它们发送 I/O 请求。如果此时发现某些数据块数量比冗余因子少，就会启动数据冗余复制，为它生成新的副本。

（3）数据出错。客户端在读取数据后，会采用 md5 和 sha1 对数据进行校验，以确保读取到正确的数据。如果发现错误，就会读取该数据块的副本。

2.2.3　HDFS 常用操作

HDFS 的基本命令格式为：hdfs dfs -cmd <args>。

注意：cmd 就是具体的命令，cmd 前面的"-"千万不能省略。

如果已经设置了环境变量，则可以在任意的路径下直接使用 HDFS，否则进入 Hadoop 安装路径 HADOOP_HOME 后，再使用如下指令：./bin/hdfs dfs -cmd <args>。

（1）列出文件目录。

命令：hdfs dfs -ls 路径

（2）创建目录为 /mybook/input 的级联文件夹，选择以下任一命令执行即可。

命令 1：hdfs dfs -mkdir 文件夹名称

命令 2：hdfs fs -mkdir -p 文件夹名称

（3）上传文件至 HDFS。

命令：hdfs dfs -put 源路径 目标存放路径

（4）从 HDFS 上下载文件。

命令：hdfs dfs -get HDFS 文件路径 本地存放路径

（5）查看 HDFS 上某个文件的内容。

命令：hdfs dfs -text（或 cat）HDFS 上的文件存放路径

（6）统计目录下各文件的大小（单位：字节 B）。

命令：hdfs dfs -du 目录路径

（7）删除 HDFS 上某个文件或者文件夹。

命令：hdfs dfs -rm 文件存放文件

hdfs dfs -rm -r 文件存放文件

2.3　MapReduce

MapReduce 是 Hadoop 三大核心组件之一，它的设计灵感源于 Google 在 2004 年发布的三篇论文之一 *MapReduce*。作为一个分布式运算程序编程框架，需要用户实现业务逻辑代码并和它自带的默认组件整合成完整的分布式运算程序，并发运行在 Hadoop 集群上。MapReduce 将计算过程分为 Map 和 Reduce 两个阶段。Map 阶段并行处理输入数据，
Reduce 阶段对 Map 结果进行汇总，如图 2-1 所示。

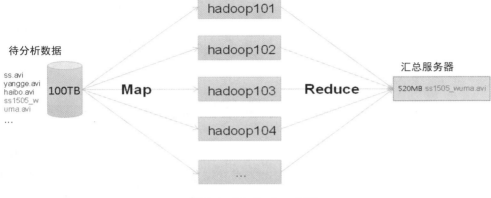

图 2-1 MapReduce 框架

2.3.1 MapReduce 简介

MapReduce 是 Hadoop 的组成部分，是一个软件框架，该框架能让编写应用程序变得更简易，并且编写的应用程序可以在由上千个商用机器组成的大集群上运行。这些程序具有很强的容错能力且能以一种可靠的方式并行处理 TB 级以上的大规模数据集。因此 MapReduce 十分擅长处理大数据，它的思想就是"分而治之"。Mapper 负责"分"，即把复杂的任务分解为若干个"简单的任务"来处理。数据或计算的规模相对原任务要大大缩小。就近计算原则即任务会分配到存放着所需数据的节点上进行计算，小任务可以并行计算，彼此间几乎没有依赖关系。

2.3.2 MapReduce 的适用场景

（1）倒排索引：建立搜索引擎索引（根据值找健）。

（2）分布式排序。

（3）数据查找：分布式 Grep。

（4）Web 访问日志分析：词频统计、Top K 问题、网站 PV UV 统计。

2.3.3 MapReduce 的优点和缺点

（1）MapReduce 的优点如下：

1）灵活：可处理结构化和非结构化数据。

2）速度快：高吞吐离线处理数据。

3）模型简单：Map + Reduce。

4）具有高伸缩性：支持横向扩展。

5）具有较强的容错能力。

6）能够并行处理数据：编程模型天然支持并行处理。

（2）MapReduce 的缺点如下：

1）不擅长实时计算：不适合低延迟数据处理（需要毫秒级别响应），MapReduce 处理延迟较高。

2）不擅长流式计算：流式计算的输入数据是动态的，而 MapReduce 的输入数据集是静态的，不能动态变化。这是因为 MapReduce 自身的设计特点决定了数据源必须是静态的。

3）不擅长迭代计算与复杂计算。

2.4　大数据编程语言

大数据浪潮几乎覆盖了各行各业，洪水般的信息浸透了每个企业，数不清的数据也使得一些软件变得更加臃肿。比如曾经最流行的个人数据处理软件——Excel 也开始变得越来越笨拙。各行各业对数据分析的要求越来越高，既想要实时快速，又要求精密准确，这使得数据处理变得不再简单轻松。除了编程语言，同样的情况也发生在例如 Tableau、SPSS 等软件系统之间。市面上出现了越来越多的工具和编程语言，我们不可能花费大量时间深入学习每一种编程语言，因此选用何种方式变得更加难以抉择。

正是因为时间是有限的，因此学习一门新的编程语言就相当于一项巨大的投资，因此在选择语言时需要有战略性。很明显，一些语言会给你的投资带来很高的回报（付出的时间和金钱投资），然而其他语言可能是你每年只用几次的纯粹辅助工具。

2.4.1　Python

1. 简介

Python 是一种高层次的，结合了编译性、互动性、解释性和面向对象的脚本语言。相比于其他一些经常需要使用英文关键字或标点符号的语言，Pyhton 的特色语法结构则使 Python 语言更具可读性。Python 是一种解释型语言，这意味着开发过程中没有了编译这个环节，类似于 PHP 和 Perl 语言。Python 是交互式语言，写在 Python 提示符（>>>）后面的代码能够直接执行。Python 是面向对象语言，支持面向对象的风格或代码封装在对象的编程技术。Python 是初学者的语言，对初级程序员而言，Python 是一款强大的语言，它支持广泛的应用程序开发，适用于简单的文字处理、WWW 浏览器、游戏。

2. 发展历史

Python 由 Guido van Rossum 于 1991 年在荷兰国家数学和计算机科学研究中心设计出来，如今成为了程序员入门必学的编程语言。Python 本身是由诸多其他语言发展而来，包括 ABC、Modula-3、C、C++、Algol-68、SmallTalk、Unix shell 和其他的脚本语言等。比如，Python 源代码和 Perl 语言一样，都遵循 GPL 协议。

现在 Python 由一个核心开发团队在维护，Guido van Rossum 仍然处于至关重要的指导地位。Python 2.7 被确定为最后一个 Python 2.x 版本，它除了支持 Python 2.x 语法外，还支持部分 Python 3.1 语法。

3. Python 特点

（1）简单易学：Python 结构简单，所用到的关键字相比其他语言来说也较少，有明确定义的特色语法结构，代码可读性很强，学习起来更加简单。

（2）可移植：基于其开放源代码的特性以及解释性，Python 能够被移植到不同的平台，实现跨平台使用。

（3）拥有庞大的标准库：Python 的最大的优势之一是具有丰富的库，可以很好地处理各种工作，支持跨平台，在 UNIX、Windows 和 Macintosh 兼容很好。

（4）可扩展性：Python 的一些程序可以使用其他语言编写。例如，可以选择使用 C 或 C++ 语言来编写一些不愿开放的算法或需要很快运行的代码，然后从 Python 程序中调用。

（5）数据库：Python 提供所有主要的商业数据库的接口。

（6）GUI 编程：Python 支持 GUI，可以创建和移植到许多系统调用。

（7）可嵌入性：开发时将 Python 嵌入到 C/C++ 程序，让你的程序的用户获得"脚本化"的能力。

Python 目前在全球的用户有将近 500 万，被视为开发人员最常用的编程语言之一。一些世界级的科技公司在开发产品时也会选择使用 Python 语言来进行，包括 NASA、Google、Spotify、Instagram、Netflix、Uber、Reddit、Dropbox 和 Pinterest 等。

Python 最适合从事大数据行业的专业技术人员使用，在数据分析、Web 应用程序、统计代码与生产数据集成在一起时，Python 是最好的选择。此外，它还具有强大的库软件包作为后盾，可以帮助用户满足各种工作需求。常用的库包括 NumPy、SymPy、SciPy Pandas、Theano、Matplotlib、Scikit 等。

4．Python 下载

Python 最新源码、二进制文档、新闻资讯等可以在 Python 的官网（https://www.python.org/）查看。

你可以在链接 https://www.python.org/doc/ 中下载 Python 的文档，也可以下载 HTML、PDF 和 PostScript 等格式的文档。

5．环境变量配置

程序和可执行文件可以在许多目录，而这些路径很可能不在操作系统提供可执行文件的搜索路径中。由操作系统维护的一个命名的字符串 path（路径）存储在环境变量中。这些变量包含可用的命令行解释器和其他程序的信息。

UNIX 或 Windows 中路径变量为 PATH（UNIX 区分大小写，Windows 不区分大小写）。

在 Mac OS 中，安装程序过程中改变了 Python 的安装路径。如果需要在其他目录引用 Python，则必须在 path 中添加 Python 目录。

右击"我的电脑"，单击"属性"→"高级系统设置"，选择"系统变量"窗口下面的 Path，双击打开，然后在 Path 行，添加 Python 安装路径，路径直接用分号隔开。

完成设置后，在 cmd 命令行输入命令 python，就可以有相关显示。

下面几个重要的环境变量应用于 Python，见表 2-1。

表 2-1　Python 环境变量表

变量名	描述
PYTHONPATH	PYTHONPATH 是 Python 搜索路径，默认 import 的模块都会从 PYTHONPATH 里面寻找
PYTHONSTARTUP	Python 启动后，先寻找 PYTHONSTARTUP 环境变量，然后执行此变量指定的文件中的代码

变量名	描述
PYTHONCASEOK	加入 PYTHONCASEOK 的环境变量，就会使 Python 导入模块的时候不区分大小写
PYTHONHOME	另一种模块搜索路径，通常内嵌于 PYTHONSTARTUP 或 PYTHONPATH 目录中，使得两个模块库更容易切换

6. 运行 Python

集成开发环境（Integrated Development Environment，IDE）：PyCharm。

PyCharm 是由 JetBrains 打造的一款 Python IDE，支持 macOS、Windows、Linux 系统。

PyCharm 功能：调试、语法高亮、Project 管理、代码跳转、智能提示、自动完成、单元测试、版本控制。

PyCharm 下载地址：https://www.jetbrains.com/pycharm/download/。

PyCharm 安装地址：http://www.runoob.com/w3cnote/pycharm-windows-install.html。

PyCharm 运行界面如图 2-2 所示。

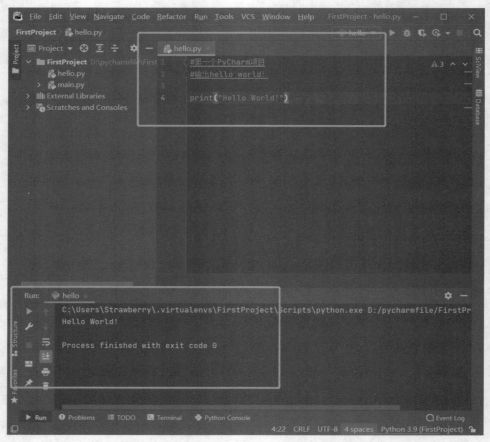

图 2-2　PyCharm 运行界面

2.4.2　Spark

目前支持 Spark 的有 Python、Scala、Java 三种编程语言。

Scala 作为 Spark 的原生语言，代码优雅、简洁而且功能完善，得到了不少开发者的认可，并且作为优质的 Spark 程序开发语言被业界广泛使用。

　　Python 语言则由于 Spark 提供的编程模型 PySpark 而得以成为 Spark 程序开发语言之一。开发者可以通过 PySpark 快速开发 Spark 应用程序。但是 Python API 和 Scala API 并不完全相同，Python 是动态语言，RDD 可以持有不同类型的对象。在 PySpark 里，RDD 支持和 Scala 一样的方法，只是这些方法是用 Python 函数来实现的，返回的也是 Python 的集合类型；对于 RDD 方法中使用的短函数，则可以使用 Python 的 Lambda 语法实现。尽管当前的 PySpark 还无法做到支持所有的 Spark API，但使用 Python 开发 Spark 应用程序依然有很多优势，比如不需要编译、使用方便，还可以与许多系统集成，特别是 NoSQL 大部分都提供了 Python 开发包。不过，相信随着不断的发展和进步，PySpark 对 Spark API 的支持度会越来越高。

　　Java 也是 Spark 程序的开发语言之一，但是相对于前两者而言会逊色很多。但尽管如此，Java 8 却很好地适应了 Spark 的开发风格。

　　Spark 依赖 Java JDK、Hadoop 等较多环境的支持。Spark 2.0 运行在 Java 7+、Python 2.6+/3.4+、R3.1+ 平台，如果是使用 Scala 语言，需要 Scala 2.11.x 版本，Hadoop 最好安装 2.6 以上的版本。由于 Spark 本身是用 Scala 语言实现的，因此建议使用 Scala，本文中的大部分示例都是 Scala 语言，但 Spark 也可以很好地支持 Java\Python\R 语言。

　　Spark 的使用分为 spark shell 交互、spark SQL、DataFrames、spark streaming、独立应用程序。

　　因为 Spark 是 Hadoop 的子项目，所以最好将 Spark 安装到基于 Linux 的系统中。下面说明如何安装 Apache Spark。

　　（1）进入 Spark 官网，下载 spark 安装包。官网链接地址为 http://spark.apache.org/downloads.html。

　　（2）单击蓝色框，如图 2-3 所示。

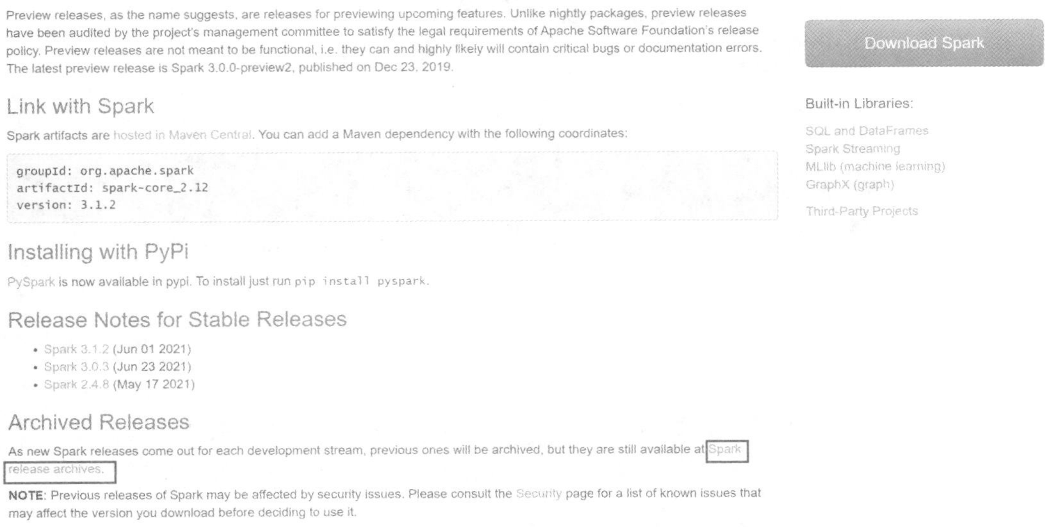

Preview releases, as the name suggests, are releases for previewing upcoming features. Unlike nightly packages, preview releases have been audited by the project's management committee to satisfy the legal requirements of Apache Software Foundation's release policy. Preview releases are not meant to be functional, i.e. they can and highly likely will contain critical bugs or documentation errors. The latest preview release is Spark 3.0.0-preview2, published on Dec 23, 2019.

Download Spark

Link with Spark

Spark artifacts are hosted in Maven Central. You can add a Maven dependency with the following coordinates:

```
groupId: org.apache.spark
artifactId: spark-core_2.12
version: 3.1.2
```

Built-in Libraries:

SQL and DataFrames
Spark Streaming
MLlib (machine learning)
GraphX (graph)
Third-Party Projects

Installing with PyPi

PySpark is now available in pypi. To install just run pip install pyspark.

Release Notes for Stable Releases

- Spark 3.1.2 (Jun 01 2021)
- Spark 3.0.3 (Jun 23 2021)
- Spark 2.4.8 (May 17 2021)

Archived Releases

As new Spark releases come out for each development stream, previous ones will be archived, but they are still available at Spark release archives.

NOTE: Previous releases of Spark may be affected by security issues. Please consult the Security page for a list of known issues that may affect the version you download before deciding to use it.

图 2-3　Spark 官网

　　（3）找对应的 Hadoop 版本的安装包，当前下载的是 spark-2.4.0-bin-without-hadoop.tgz。

　　（4）在 FileZilla 中上传 spark 压缩包到 /usr/local/ 下载文件夹中，如图 2-4 所示。

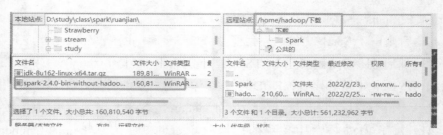

图 2-4　上传 spark 压缩包

（5）把 spark 解压缩到 /usr/local/spark 目录并进行复制，如图 2-5 所示。

```
hadoop@hadoop-VirtualBox:~/下载$ sudo tar -zxf ~/下载/spark-2.4.0-bin-without-ha
doop.tgz -C /usr/local/
hadoop@hadoop-VirtualBox:~/下载$ cd /usr/local
hadoop@hadoop-VirtualBox:/usr/local$ ls
bin   games   include   man   share                        src
etc   hadoop  lib       sbin  spark-2.4.0-bin-without-hadoop
hadoop@hadoop-VirtualBox:/usr/local$ sudo mv ./spark-2.4.0-bin-without-hadoop ./
spark
hadoop@hadoop-VirtualBox:/usr/local$ sudo chown -R hadoop:hadoop ./spark
hadoop@hadoop-VirtualBox:/usr/local$ cd spark
hadoop@hadoop-VirtualBox:/usr/local/spark$ ls
bin   data      jars        LICENSE   NOTICE    R         RELEASE   yarn
conf  examples  kubernetes  licenses  python    README.md sbin
hadoop@hadoop-VirtualBox:/usr/local/spark$
```

图 2-5　进行解压缩

（6）进入文件编辑，单击 i，在第一行加入以下内容：export SPARK_DIST_CLASSPATH=
$(/usr/local/hadoop/bin/hadoop classpath)，添加对应的安装路径和自己的配置，如图 2-6 所示。

```
终端 文件(F) 编辑(E) 查看(V) 搜索(S) 终端(T) 帮助(H)
#!/usr/bin/env bash
export SPARK_DIST_CLASSPATH=$(/usr/local/hadoop/bin/hadoop classpath)

# Licensed to the Apache Software Foundation (ASF) under one or more
# contributor license agreements.  See the NOTICE file distributed with
# this work for additional information regarding copyright ownership.
# The ASF licenses this file to You under the Apache License, Version 2.0
# (the "License"); you may not use this file except in compliance with
# the License.  You may obtain a copy of the License at
#
#    http://www.apache.org/licenses/LICENSE-2.0
#
# Unless required by applicable law or agreed to in writing, software
# distributed under the License is distributed on an "AS IS" BASIS,
# WITHOUT WARRANTIES OR CONDITIONS OF ANY KIND, either express or implied.
# See the License for the specific language governing permissions and
# limitations under the License.
#

# This file is sourced when running various Spark programs.
# Copy it as spark-env.sh and edit that to configure Spark for your site.

# Options         Ubuntu Kylin 软件中心   programs locally with
-- 插入 --                                              2,69        顶端
```

图 2-6 spark-env.sh 文件

（7）将 cd 切换到 spark 安装目录下使用 ./sbin/start-all.sh 命令，如图 2-7 所示。

```
hadoop@hadoop-VirtualBox:~$ cd /usr/local/spark
hadoop@hadoop-VirtualBox:/usr/local/spark$ ./sbin/start-all.sh
/usr/local/spark/conf/spark-env.sh: 行 1: /usr/local/hbase/: 是一个目录
starting org.apache.spark.deploy.master.Master, logging to /usr/local/spark/logs
/spark-hadoop-org.apache.spark.deploy.master.Master-1-hadoop-VirtualBox.out
/usr/local/spark/conf/spark-env.sh: 行 1: /usr/local/hbase/: 是一个目录
hadoop@localhost's password:
localhost: /usr/local/spark/conf/spark-env.sh: 行 1: /usr/local/hbase/: 是一个目
录
localhost: starting org.apache.spark.deploy.worker.Worker, logging to /usr/local
/spark/logs/spark-hadoop-org.apache.spark.deploy.worker.Worker-1-hadoop-VirtualB
ox.out
```

图 2-7　spark 安装目录

（8）在 jps 看到有 Worker 和 Master 节点，如图 2-8 所示。

图 2-8　查看节点

（9）将 cd 到安装目录 使用 ./bin/pyspark，如图 2-9 所示。

图 2-9　进入 bin 目录

（10）看到 spark 界面，安装成功，如图 2-10 所示。

图 2-10　spark 启动成功

2.4.3　R 语言

1．R 语言简介

R 语言有着简洁又显而易见的吸引力，它被比喻为一个极度活跃的 Excel 版本。使用 R 语言，只需简单的几行代码，就可以在复杂的数据集中筛选数据、通过先进的建模函数处理数据以及创建平整的图形来代表数字。

围绕它开发的活跃的生态系统是 R 语言最伟大的资本。R 语言社区仍然在不断地向已经足够丰富的功能集中添加新的功能或软件包。据不完全统计，目前使用 R 语言的开发者有将近 200 万人。根据最近一次的投票表明，R 语言是当前科学数据工作中最流行的语言，有 61% 的受访者都在使用 R 语言（其次是 Python，占 39%）。除此以外，R 语言身影也渐渐出现在华尔街。以前，银行分析师会全神贯注于 Excel 文件直到深夜，但现在由于 R 语言已经能够以一种可视化工具来帮助工作者用于金融建模，因此大大减轻了工作者的工作量。美国银行的副总裁 Niall O'Connor 说："R 语言使我们平凡的表格与众不同。"

日渐成熟的 R 语言成为了数据建模的首选语言，被称为"统计语言"。从事统计学的开发者对 R 语言应该十分熟悉，因为 R 语言常常用于开发数据分析模型。在大型 R 包存储库（CRAN）的支持下，使用 R 语言几乎可以完成大数据处理中从分析到数据可视化的任何任务。R 语言可以与 Apache Hadoop 和 Apache Spark 以及其他流行框架进行集成调用，来进行大数据处理及分析的开发。

2. R语言安装

（1）进入 R 语言官网（https://www.r-project.org/）后可以看到有 Linux 版本、macOS 版本、Windows 版本，如图 2-11 所示。

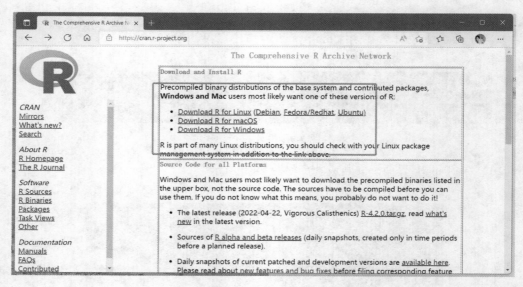

图 2-11　R 语言主页

（2）单击 Download R for Windows，在打开的页面中单击 install R for the first time，进入真正的下载页面，如图 2-12 所示。

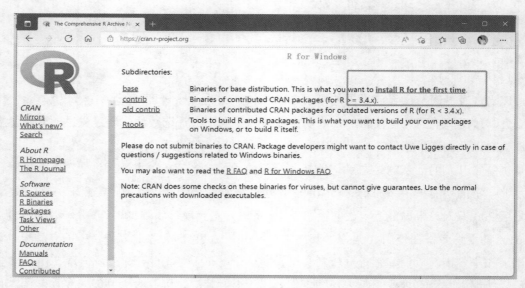

图 2-12　进入下载页面

（3）单击 Download R-4.2.0 for Windows 开始下载，如图 2-13 所示。

（4）运行安装程序，开始安装。双击并运行接受默认设置的安装程序即可。对于 32 位版本的 Windows 将会安装 32 位版本，对于 64 位版本的 Windows 将会同时安装 32 位和 64 位版本，如图 2-14 和图 2-15 所示。

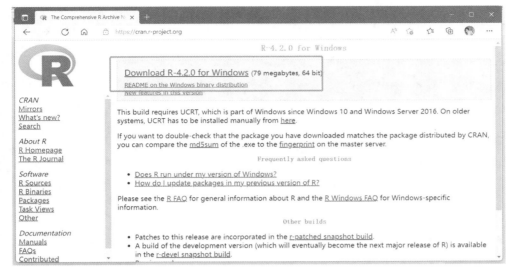

图 2-13　开始下载

图 2-14　安装向导

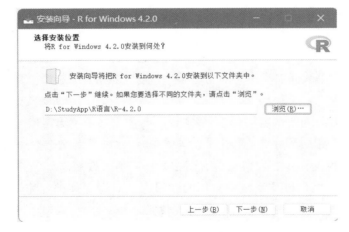

图 2-15　选择安装路径

（5）完成安装后，桌面会自动创建 R 语言快捷图标，双击图标即可进入 RGui 界面，即 R 控制台进行 R 编程，如图 2-16 所示。

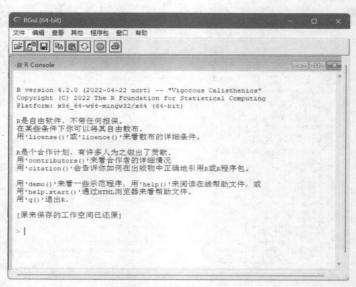

图 2-16　RGui 界面

3. RStudio

完成 R 软件的安装后，可以继续安装 RStudio。RStudio 具有更简单便捷的操作界面，对 R Markdown（.Rmd）格式文件的支持也更好，更适合日常使用。如果使用 RStudio，每个分析项目需要单独建立一个"项目"（project），每个项目需要一个工作文件夹。

R 可以把一段程序写在一个用记事本生成或编辑的以 .r 或 .R 为扩展名的文本文件中，如 date.r，称为一个源程序文件，可在 R 命令行使用以下命令运行源程序。

```
source("date.r")
```

在 MS Windows 操作系统中建议使用 Notepad++ 软件，这是 MS Windows 下记事本程序的增强型软件。完成安装后，右击 MS Windows 资源管理器，在弹出的菜单中单击 edit with notepadpp 即可打开。Notepad++ 在不同中文编码之间的转换十分方便。

RStudio 则是一个集成环境，可以在 RStudio 内进行源程序文件编辑和运行。R 的功能可以通过由用户撰写的套件增强，增加了如特殊的统计技术、绘图功能、编程界面以及数据输出、输入等功能。这些软件包由 LaTeX、R 语言、Java、C 语言及 Fortran 撰写。下载的执行档版本会附带一批核心功能的软件包，而根据 CRAN 记录，有过千种不同的软件包，其中用于财经分析、经济计量、人工智能以及人文科学研究的几款较为常用。

RStudio 软件是 R 软件的应用界面与增强系统，可以在其中编辑与运行 R 的程序文件、跟踪运行、构造文字等。

R 软件界面一般分为四个窗格，其中最重要的两个窗格是编辑窗口与控制台（Console）。编辑窗口用来查看和编辑程序、文本型的数据文件、程序与文字融合在一起的 Rmd 文件等。控制台比基本 R 软件的命令行窗口功能有所增强，其他大致相同。

在编辑窗口中可以用操作系统中常用的编辑方法对源文件进行编辑，如复制、粘贴、查找、替换等，还支持基于正则表达式的查找替换。

除了以上两个重要窗格，RStudio 软件还包括以下较常用的窗格。

（1）Files：列出当前项目的目录（文件夹）内容。其中以 .R 或 .r 为扩展名的是 R 源程序文件，单击源程序文件就可以在编辑窗格中打开该文件。

（2）Plots：如果程序中有绘图结果，将会显示在这个窗格中。因为绘图需要足够的空间，所以当屏幕分辨率过低或者 Plots 窗格太小的时候，可以单击 Zoom 图标将图形显示在一个单独的窗口中，或者将图形窗口作为唯一窗格显示。

（3）Help：这里存放 R 软件的文档与 RStudio 的文档。

（4）Environment：这里显示已经有定义的变量、函数。

（5）History：这里显示以前运行过的命令。不限于本次 RStudio 运行期间，也包括以前使用 RStudio 时运行过的命令。

（6）Packages：显示已安装的 R 扩展包及其文档。

4．项目

用 R 和 RStudio 进行研究和数据分析时，每个研究问题应该单独建立一个文件夹（目录）用于存放该问题所有的数据、程序等文件。

在 RStudio 中，用 File → New Project → Existing Directory 选中该问题的目录，建立一个新的"项目"。再次进入 RStudio 后，用菜单 File → Recent Projects 找到已有的项目打开，然后就可以针对该项目进行分析了。

这样分项目进行研究有很多好处，程序中用到某个文件时，只需要写文件名而不需要写文件所在的目录；不同项目的文件可以使用相同的文件名，两者不会产生冲突；一个项目还可以有项目本身的一些特殊设置，用 Tools → Project Options 菜单打开设置。

启动 R 软件后进入命令行界面，可以在命令行直接输入命令运行，文字结果会显示在命令行窗口，图形结果显示在 Plots 窗格中。在命令行窗口中可以用左右光标键移动光标，用上下光标键查找历史命令，输入命令的前几个字母后用"Ctrl+ 向上光标键"可以匹配地查找历史命令。可以选中已经运行过的命令，用组合键 Ctrl+C 复制后用组合键 Ctrl+V 粘贴（这是 MS Windows 下的快捷键组合），粘贴的目标是当前命令行。

一般情况下，应该将 R 源程序保存在一个源程序文件中运行。RStudio 中用 File → New File → R Script 可以打开一个新的无名的 R 源程序文件窗口供输入 R 源程序用。输入程序后，对文件进行保存，然后单击 Source 快捷图标就可以运行整个文件中的所有源程序，并会自动加上关于编码的选项。

编写 R 程序的正常做法是写完一部分就试验运行一部分，运行没有错误后，再继续编写下一部分的程序。在 R 源程序窗口中，当插入光标在某行程序上的时候，单击窗口的 Run 快捷图标或者用组合键 Ctrl+Enter 可以运行该行；选中若干程序行后，单击窗口的 Run 快捷图标或者用组合键 Ctrl+Enter 可以运行所选中的行。

5．Rmd 文件

在科学研究中，R 软件可以用来分析数据和生成数据分析报表及图形。Rmd 的文件格式比较特殊，它既有 R 程序也有说明文字。通过 R 和 RStudio 软件，可以运行其中的程序，并将说明文字、程序、程序的文字结果、图形结果等统一地转换为一个研究报告，支持 PDF、Word、网页等多种输出格式。在打开的 Rmd 源文件中，也可以选择其中的某一段 R 程序单独运行，因此，Rmd 文件也可以作为一种特殊的 R 源程序文件。

用 RStudio 的 File → New File → R Markdown 菜单就可以生成一个显示在编辑窗格中的新的 Rmd 文件，其中已经有一些样例内容，可以修改这些样例内容为自己的文字和程序。

Rmd 文件中的 R 程序段用 ```{r} 开头，用 ``` 结尾，单击在显示程序段右侧的向右箭头形状的小图标（类似于媒体播放图标）就可以运行该程序段。

打开 Rmd 文件后，用编辑窗口的 Knit 命令可以选择将整个文件转换为 HTML 或 MS

Word格式。如果操作系统中安装有LaTeX软件，还能以LaTeX为中间格式转换为PDF文件。

为了将网页转换为PDF文件，建议使用Chrome浏览器打开HTML文件，然后选择菜单"打印"，选打印机为"另存为PDF"，然后选"更多设置"，将其中的"缩放"改为自定义，比例改为90%。

如果使用RStudio软件，有一个"Console窗格"相当于命令行界面。在RStudio中，可以用New File → Script File功能建立一个源程序文件（脚本文件），在脚本文件中写程序，然后用Run图标或者组合键Ctrl+Enter运行当前行或者选定的部分。

练习2

1. Hadoop优势有哪些？
2. HDFS存储原理是怎样的？
3. MapReduce适用场景有哪些？
4. 大数据编程语言有哪些？

第 3 章　大数据采集与预处理

大数据的数据采集是在确定用户目标的基础上，对一定范围内的数据进行采集，其中包括所有的非结构化数据、半结构化数据以及结构化数据。完成数据采集后还需处理数据，从大量数据中挖掘并分析出有价值的部分数据信息。高并发是大数据采集过程最主要的特点，由成千上万的用户同时进行访问和操作引起的高并发数是采集过程面临的最大挑战。传统的数据采集来源单一，且存储、管理和分析的数据量也相对较小，多数采用关系型数据库或并行数据仓库处理即可。传统的并行数据库技术在依靠并行计算提升数据处理速度方面偏向于追求高度一致性和容错性，根据 CPA 理论，此举难以保证其可用性和扩展性。而大数据的数据采集，来源广泛，信息量巨大，更适合采用分布式数据库对数据进行处理。大数据预处理的方法主要包括数据清洗、数据变换、数据集成、数据规约。

本章要点

- 大数据安全的重要意义
- 大数据安全威胁
- 大数据面临的挑战

3.1　数据采集

数据采集，又称数据获取，是一个利用装置采集系统外部的数据并输入系统内部的接口。数据采集技术广泛应用在各个领域，比如麦克风、摄像头、传感器等都属于数据采集的工具。

被采集数据是已被转换为电信号的各种物理量，如风速、温度、压力、湿度等，可以是模拟量，也可以是数字量。采集数据一般选用采样的方式进行，即在每个采样周期（采样的间隔时间）对同一数据点进行重复一致的采集。所采集到的数据大多属于瞬时值，也可以是某段时间内的一个特征值。

数据采集的基础是数据测量需要准确。数据测量有接触式与非接触式两种方法，检测元件多种多样。无论使用何种方法与元件，前提都必须是不能影响被测对象的状态与测量环境，避免数据的准确性受到影响。数据采集的含义十分广泛，包括对面状连续物理量的采集。在计算机辅助制图、测图、设计时，对图形或图像数字化的过程也可称为数据采集，此时被采集的数据是几何量或包括物理量，如灰度等。

如今互联网行业飞速发展，数据采集在互联网及分布式领域得到了广泛的应用，数据采集领域也正在发生翻天覆地的变化。例如，分布式控制应用场合中的智能数据采集系统在国内外已经取得了长足的发展；与个人计算机兼容的数据采集系统的数量和总线兼容型数据采集插件的数量都在不断地增大。国内外各种数据采集机先后问世，数据采集已经被带入了一个崭新的时代。

数据采集的设计几乎完全取决于数据源的特性，毕竟数据源是整个大数据平台蓄水的上游，而数据采集仅仅是获取水源的一种管道工具。

（1）大数据环境下的数据处理需求。大数据环境下数据来源非常丰富且数据类型多样，需要进行挖掘、分析以及存储的数据量十分庞大，对数据展现的要求较高，且十分重视数据处理的高效性与可用性。

（2）传统大数据处理方法的缺点。传统的数据采集来源单一，需要分析、存储和管理的数据量也相对较小，采用关系型数据库或并行数据仓库就足以进行处理。

（3）大数据采集。一般完整的大数据平台都不会缺少以下过程：

数据采集→数据存储→数据处理→数据展现（可视化，报表和监控）

3.1.1 数据采集分类

（1）使用 ETL 进行离线采集。在数据仓库的语境下，ETL 可以作为数据采集的代表，包括对数据的提取（Extract）、转换（Transform）和加载（Load）。在转换的过程中，需根据具体的业务场景对数据进行有针对性的治理，比如进行数据替换、格式转换与数据规范化、非法数据监测与过滤、保证数据完整性等。

（2）使用 Flume/Kafka 进行实时采集。在考虑流处理的业务场景下主要选择实时采集方式。考虑流处理的业务场景包括用于记录数据源的执行的各种操作活动，比如金融应用的股票记账、网络监控的流量管理或 web 服务器记录的用户访问行为等。在流处理场景中，数据采集会成为 Kafka 的消费者，像一个水坝一样对源源不断的数据进行拦截过滤，然后根据业务场景做出相应的处理（中间计算、去重、去噪等），完成处理后再将数据写入对应的数据存储中。这个过程类似于传统的 ETL，但它是流式的处理方式，而非定时的批处理。以上这些工具都是选用分布式架构，能满足数百 MB 每秒的日志数据采集以及传输需求。

（3）使用 Crawler、DPI 等进行互联网采集。Scribe 是 Facebook 开发的数据（日志）收集系统，又被称为网页蜘蛛或网络机器人。Scribe 是一种按照一定规则，自动抓取万维网信息的程序或者脚本，它支持音频、视频、图片等文件或附件的采集。除了网络中包含的内容之外，还可以采用 DPI 或 DFI 等带宽管理技术对网络流量进行采集。

（4）其他数据采集方法。对于一些需要保证保密性的数据（如企业生产经营数据上的客户信息、财务信息等），可以通过与数据技术服务商合作，使用特定系统接口等方式采集数据。比如百度云计算的数企 BDSaaS，既能兼顾 BI 数据分析、数据采集技术，又可以保证数据的保密性与安全性。

挖掘数据价值首先必须进行数据采集，数据量越大，能被挖掘的有价值的数据就越多。只要善用数据化处理平台，便能够保证数据分析结果的有效性，助力企业实现数据驱动。

3.1.2 数据采集方法

（1）触发器方式。触发器方式是一种相对较为普遍的增量抽取机制。该方式是根据抽取要求，在被抽取的源表上建立 3 个触发器（修改、插入、删除），相应的触发器会将源表中发生变化的数据写入一个增量日志表。ETL 的增量抽取则是从增量日志表中抽取数据，而不是直接从源表中抽取，同时增量日志表中被抽取过的数据会被删除或标记。为了日志表更简洁易读，增量日志表一般不会对增量数据的所有字段信息进行存储，而是只存储源表名称、更新的关键字值及更新操作类型（DELETE、UPDATE 或 KNSEN）。ETL 增量抽取进程会先根据源表名称以及已经更新的关键字值，从源表中提取对应的完整记录，再根据更新操作类型，对目标表进行相应的处理。

（2）时间戳方式。时间戳方式是指通过比较系统与抽取源表两个不同的时间来决定进行增量抽取时所要抽取的数据有哪些。时间戳方式需要在源表上增加一个时间戳字段，当系统中的数据发生改变的时候，也要同时改变时间戳字段的值。部分数据库支持时间戳自动更新（例如 SQL Server），即当数据表的字段数据被修改时，时间戳字段的值会被自动更新为字段改变的时刻。如此一来，当进行 ETL 实施时只需在源表加入时间戳字段即可。对于不支持时间戳自动更新的数据库，只能手动更新，也就是当业务系统对业务数据进行更新时，也要通过编程方式使时间戳字段更新。使用时间戳方式可以正常捕获源表的插入和更新操作，但对于删除操作则无能为力，需要结合其他机制才能完成。

（3）全表删除插入方式。全表删除插入方式是指每次抽取前先删除目标表数据，抽取时重新加载数据。该方式实际上将增量抽取等同于全量抽取。对于数据量较小且全量抽取的时间代价小于执行增量抽取的算法与条件代价的情况，采用该方式是一个不错的选择。

（4）全表比对方式。全表比对方式指的是在增量抽取时，ETL 进程将源表与目标表的记录逐条进行比对，并读取新增或修改的记录。采用 MD5 校验码是将全表比对方式进行优化后得出的最佳做法。此方法需要为即将抽取的表建立一个临时表，这个临时表与原表结构相似，且记录源表的主键值以及根据源表所有字段的数据计算出来的 MD5 校验码。每次进行数据抽取时，对比源表与 MD5 临时表的 MD5 校验码，如校验码不相同，则进行 UPDATE 操作。若目标表不存在该主键值，则进行 INSERT 操作。除此，还需要对在源表中已不存在而目标表中仍保留的主键值，执行 DELETE 操作。

（5）日志表方式。业务日志表一般创建于已经建立了业务系统的生产数据库中。当监控的业务数据发生改变时，由相应的业务系统程序模块来更新维护日志表内容。增量抽取时，通过读日志表数据决定加载哪些数据及如何加载。由业务系统程序使用代码方式来满足对日志表的维护需要。

（6）系统日志分析方式。该方式通过分析数据库自身的日志来判断数据是否发生变化。关系型数据库系统通常都会在日志文件中存入所有的 DML 操作，以此来实现数据库的还原及备份功能。ETL 增量抽取进程会分析数据库的日志，提取对相关源表在特定时间后发生的 DML 操作信息，得出自特定时刻以来该表所发生的所有变化情况，从而对增量抽取动作进行有效指导。有些数据库系统提供了访问日志的专用的程序包（例如 Oracle 的 Log Miner），能较大程度地简化数据库日志的分析工作。

（7）Oracle 数据库方式。Oracle 改变数据捕获（Change Data Capture，CDC）方式：Oracle CDC 特性是在 Oracle 9I 数据库中引入的。CDC 能够帮助识别从上次抽取之后发生变化的数据。利用 CDC，在对源表进行 DELETE、UPCLATE 或 INSERT 等操作的同时就能将数据提取出来，并且能用变化表把发生改变的数据保存在表中。这样就可以利用数据库视图以一种可控的方式将捕获的发生变化的数据提供给 ETL 抽取进程，作为增量抽取的依据。

CDC 方式捕获源表数据变化情况的两种方法：同步 CDC 和异步 CDC。同步 CDC 使用源数据库触发器对变更的数据进行实时捕获，这种方式没有任何延迟。当 DML 操作提交后，变更表中就同步产生了变更数据。异步 CDC 使用数据库重做日志（Redo Log）文件，在源数据库发生变更以后才进行数据捕获。

Oracle 闪回查询方式：Oracle 9I 以上版本的数据库系统提供了闪回查询机制，允许用户查询过去某个时刻的数据库状态。如此，抽取进程通过对比源数据库的当前状态与上次抽取时刻的状态就能快速得出源表数据记录的变化情况。

（8）由业务系统提供增量数据。有些应用场景（如涉及政府的相关行业）的数据库不允许外部主动采集，只能由业务系统方直接提供增量数据。

（9）通过 Flume 等相关工具自动采集。某些数据源比较适合使用 Flume 进行采集，比如业务系统访问日志。

3.1.3 数据采集工具

（1）火车头采集器。该款采集器是目前使用人数较多的互联网数据采集软件。它凭借灵活的配置与强大的性能领先国内同类产品，并赢得众多用户的一致认可。使用火车头采集器可以采集 99% 的网页。

（2）八爪鱼采集器。八爪鱼是整合了网页数据采集、移动互联网数据及 API 接口等服务为一体的数据服务平台。这款采集器的特点就是任何人都可以使用它轻松采集任何网站的数据。它的操作是完全可视化的且可以免费使用，是目前操作最简单的数据采集器。

（3）大飞采集器。大飞采集器几乎可以采集所有的网页，它的速度是普通采集器的 7 倍，而且采集到的数据如同复制粘贴般准确。它最大的特点就是网页采集的代名词——因为专注所以单一。

（4）近探中国。近探中国的数据服务平台里有大量开发者上传的免费的采集工具。不管是采集境内外网站、行业网站、搜索引擎等的数据还是其他数据，近探都可以完成采集。它最大的特点就是接受客户定制，根据客户需求研制开发出所需的数据采集。

（5）ForeSpider。ForeSpider 是一款非常方便的数据采集工具，这款工具可以自动检索网页中的各种数据信息，操作简单且可以免费使用。用户只需要输入网址链接就能成功获取网页数据。有特殊情况需要特殊处理才能采集的网页，也支持配置脚本。

（6）Content Grabber。Content Grabber 是一款由国外制作的免费数据采集器。它能从网页中抓取文本、视频、图片等内容并提取成 xml、excel、csv 和大多数数据库。软件基于网页抓取和 Web 自动化，常用于数据的调查和检测。

（7）ParseHub。ParseHub 分为收费版和免费版。从数百万个网页获取数据。输入数千个链接和关键字，ParseHub 将自动搜索这些链接和关键字，使用我们的休息 API，下载 Excel 和 JSON 中的提取数据，将结果导入谷歌表和 Tableau。

（8）Import.io。Import.io 适应任何网站，只要输入网址就可以把网页的数据完整地抓取出来，操作简单且能自动采集，采集结果可视化。缺点是无法选择具体数据，无法自动翻页采集。

（9）后羿采集器。后羿采集器操作简单，支持多种形式导出，用户只需跟着流程操作就能轻松获取数据。

（10）阿里数据采集。阿里数据采集大平台运营稳定，可以实现实时查询，还有软件开发等服务，缺点是价格较高。

3.2　数据清洗

数据分析过程中最不可或缺的环节是数据清洗，模型效果与最终结论都受其结果质量直接影响。在实际操作中，数据清洗通常会占据整个数据分析过程很大一部分（50% ～ 80%）的时间。

数据清洗原理：利用有关技术如数据挖掘、数理统计或预定义的清理规则将收集到的原始数据转化为满足数据质量要求的数据。

3.2.1　数据清洗任务

数据清洗，顾名思义，就是将脏数据清洗干净，也就是将数据文件中的错误进行纠正的最后一道程序。数据清洗包括检查数据一致性、处理无效值及缺失值等工作。数据仓库既是面向主题的也是集成的，仓库中的数据是从分散的业务系统中抽取而来的，其中通常包含很多历史数据与信息，这样就避免不了存在错误数据，数据之间也会存在冲突，这些错误的或有冲突的数据显然是我们不想要的，称为"脏数据"。我们要按照一定的规则把"脏数据""洗掉"，这就是数据清洗。

数据清洗的主要任务是将不符合收集要求的数据进行过滤，并向业务主管部门提交过滤出的数据，得到业务部门意见后再确定将过滤出的数据丢弃还是由业务单位修改后再进行二次抽取。不符合要求的数据主要有三类：错误的数据、不完整的数据、重复的数据。与问卷审核不同，录入后的数据清理不是人工处理的，而是由计算机完成的。

3.2.2　数据清洗过程

数据清洗会先进入预处理阶段，此阶段主要完成两件事情：①将数据导入处理工具；②观察数据。

一般会使用数据库将数据导入到处理工具中，因为只需要单机跑数搭建 MySQL 环境即可。如果数据量大（千万级以上），则可以使用文本文件存储 +Python 操作的方式。观察数据则包括两部分：一是查看元数据，包括数据来源、代码表、字段解释等全部关于描述数据的信息；二是人工抽取一部分数据进行查看，初步直观地了解数据本身并发现问题，为之后的处理做准备。

预处理阶段结束后，数据清洗就能进入以下步骤。

1. 缺失值清洗

缺失值是最常见的数据问题，处理方法也多种多样，主要有以下四个步骤：

（1）确定缺失值范围。计算每个字段的缺失值比例，再根据缺失值比例及字段重要性，分别制定策略。

（2）去除不需要的字段。在小规模数据上试验成功后或者对数据进行备份后再将不需要的字段数据删除，避免出现错误操作导致不可挽回的结果。

（3）填充缺失内容。可根据业务知识或经验推测、不同指标或同一指标的计算结果（中位数、众数）等对缺失值进行填充。

（4）重新取数。若较重要的指标缺失率高，则需与取数人员或业务人员商讨是否能通过其他渠道重新取数。

2. 格式内容清洗

一般从系统日志收集来的数据在格式及内容上会与元数据描述一致，但由用户填写或人工收集得到的数据则很可能在格式与内容上存在以下三类问题：

（1）数值、时间、全半角等显示格式不一致。此类问题通常与输入端有关，在整合多来源数据时也有可能遇到，将其处理成一致的某种格式即可。

（2）内容中存在多余字符。某些内容可能会出现多余的空格或字符，比如数据前后存在空格、姓名中存在数字符号、身份证号中出现汉字等。这些情况下，需要以半自动校验半人工方式来找出可能存在的问题，并去除不需要的字符。

（3）内容与该字段应有内容不符。比如在姓名栏填入了性别、手机号写成身份证号等。这类问题并不能直接做删除处理，因为造成错误的原因可能是前端没有校验、人工填写错误或是导入数据时部分列没有对齐等，因此要详细识别问题类型。

格式内容方面造成的细节问题容易导致分析错误，比如统计值不全、模型输出失败、效果不好、跨表关联或 VLOOKUP 失败（例如空格会导致工具认为"王小明"与"王 小明"不是同一个人）等。因此，进行格式内容清洗工作时应格外细心，尤其是处理人工收集的数据或者确定产品前端校验设计不完善时。

3. 逻辑错误清洗

这部分工作的目的是将使用简单逻辑推理可直接发现问题的数据去除，防止分析结果走偏。

第一步：去重，即删除重复存在的数据。由于格式内容问题（内容存在多余字符），去重应在格式内容清洗之后进行。

第二步：去除不合理值。例如，有的用户在填表时会伪造数据，填入年龄 200 岁、体重 1000kg 等不合理信息，需要将此类数据去除或按缺失值处理。

第三步：修正矛盾内容。部分字段是可以互相验证的，例如身份证号码第 7 ～ 13 位数字表示出生日期，如果用户填写的年龄与身份证号码出生日期推算年龄不相符，此时则需要根据字段的数据来源，判定哪个字段提供的信息更为可靠，并去除或重构不可靠的字段。

逻辑错误除了存在以上情况，还存在许多未被列举的情况，在实际操作中需酌情处理。在后面的数据分析建模过程中可能会再次进行逻辑错误清洗，因为再简单的问题也无法一次性全部发现。我们能做的是使用工具和方法，尽量降低问题出现的可能性，使分析过程更为高效。

4. 非需求数据清洗

此步骤会将不在需求范围内的数据进行删除处理。在实际操作中，删除非需求数据会出现很多问题，例如误删表面简单但实际重要的字段、不清楚是否要删除字段、误删目标字段旁的其他字段等。前两种情况下，如果数据量没有大到不删字段就没办法处理的程度，那么能不删的字段尽量不删；对于第三种情况，则建议多次对数据进行备份。

5. 关联性验证

如果数据来源较多，则需要进行关联性验证。通过比对不同来源的同一数据信息是否一致来确定数据的可靠性。例如，汽车的线下购买信息与电话客服问卷信息，两者通过姓名和手机号关联，若两份信息中，对于车辆情况的描述不一致，则说明数据不可靠，需要进行调整或去除数据。

严格意义上来说，这已经脱离数据清洗的范畴了，而且关联数据变动在数据库模型中就应该涉及。但多个来源的数据整合是非常复杂的工作，数据之间的关联性值得认真对待。

3.3　数据变换

常见的数据预处理包括：奇值处理（Outlier）、数据缺失（Missing）、特征选择（Feature Selection）、数据变换（Transformation）、特征提取（Feature Extraction）、非平衡数据预处理（Imbalance）。

其中的数据变换即对数据进行规范化处理，以便于后续的信息挖掘。常见的数据变换包括连续特征变化、特征归一化、特征二值化、定性特征哑编码等。数据变换的原因有四个：①为了获取更容易解释的特征（获取线性特征）；②便于置信区间分析或可视化（对称分布，缩放数据）；③利于使用简单的回归模型；④降低数据的维度或复杂度。

数据变换没有严格的流程，是一个 Try and Fail 的过程。在试探过程中，一般有五个部分：

（1）初步数据可视化与数据均值方差分析结果。

（2）选择数据变换方法。

（3）变换后数据可视化和数据均值方差分析。

（4）假设验证。

（5）确认数据变换是否有效。

3.3.1　规范化

数据规范化（归一化）处理是数据挖掘的一项基础工作。不同评价指标往往具有不同的量纲，数值之间存在差异，为了消除指标之间的量纲及取值范围差异的影响并且不影响到后续数据分析的结果，则需要对数据进行规范化处理。将数据按照比例进行缩放，使之落入一个特定的区域，便于进行综合分析。如将工资收入属性值映射到 [-1, 1] 或者 [0, 1] 内。对基于距离的挖掘算法来说，数据规范化是十分必要的步骤。

（1）最小—最大规范化：新数值 =(原数值 – 极小值)/(极大值 – 极小值)。

最小—最大规范化也称为离散标准化，是对原始数据的线性变换，将数据值映射到 [0, 1] 之间。离差标准化保留了原来数据中存在的关系，是消除量纲和数据取值范围影响的最简单方法。这种处理方法的缺点是若数值集中且某个数值很大，则规范化后各值接近于 0，并且将会相差不大，如 1、1.2、1.3、1.4、1.5、1.6、8.4 这组数据。当将来遇到超过目前属性 [min, max] 取值范围时，会引起系统报错，需要重新确定最小值和最大值。

（2）零—均值规范化（z-score 标准化）：新数值 = (原数值 – 均值)/ 标准差。

零—均值规范化也称为标准差标准化，是当前用得最多的数据标准化方式。经过处理的数据均值为 0，标准差为 1，其中 0 为原始数据的均值，1 为原始数据的标准差。标准差分数可以回答"给定数据距离其均值多少个标准差"的问题，在均值之上的数据会得到一个正的标准化分数，反之会得到一个负的标准化分数。

（3）小数定标规范化：新数值 = 原数值 / （10^k）。

通过移动属性值的小数位数，将属性值映射到 [–1, 1] 之间，移动的小数位数取决于属性值绝对值的最大值。例如属性 A 的取值范围是 –800 ～ 70，那么就可以将数据的小数点整体向左移三位，即 [–0.8,0.07]

3.3.2　数据变换分类

（1）特征二值化。特征二值化的核心在于设定一个阈值，将特征与该阈值比较后，转化为 0 或 1（只考虑某个特征出现与否，不考虑出现的次数、程度），它的目的是将连续数值细粒度的度量转化为粗粒度的度量。

下面为 Python 实现特征二值化的方法：

```
from sklearn.preprocessing import Binarizer
import numpy as np
data = [[1,2,4],[1,2,6],[3,2,2],[4,3,8]]
binar = Binarizer(threshold = 3)          # 阈值设置为 3，<=3 标记为 0，>3 标记为 1
print(binar.fit_transform(data))

#fit_transform 中的参数 x 只能是矩阵
print(binar.fit_transform(np.matrix(data[0])))
```

（2）特征归一化。特征归一化也可以称为数据无量纲化，主要包括极差标准化、总和标准化、极大值标准化、标准差标准化。这里需要说明的是，基于树的方法是不需要进行特征归一化的，例如 boosting、bagging、GBDT 等，而基于参数的模型或基于距离的模型，则都需要进行特征归一化。总和标准化处理后的数据介于 (0,1) 之间，并且它们的和为 1。总和标准化的步骤和公式也非常简单，分别求出各聚类要素所定义的数据的总和，以各要素的数据除以该要素的数据总和。

（3）连续特征变换。连续特征变换的常用方法有三种，分别是基于对数函数的数据变换、基于多项式的数据变换、基于指数函数的数据变换。连续特征变换能够增加数据的非线性特征捕获特征之间的关系，有效提高模型的复杂度。

（4）定性特征哑编码：One-hot 编码。One-hot 编码又称为独热码，即一位代表一种状态。其信息中，对于离散特征，有多少个状态就有多少个位，且只有该状态所在位为 1，其他位都为 0。例如：

天气有下雨、阴天、晴天三种情况，如果我们将"阴天"表达为 0，"下雨"表达为 1，"晴天"表达为 2，这样会有什么问题呢？我们发现不同状态对应的数值是不同的，那么在训练的过程中就会影响模型的训练效果，明明是同一个特征，在样本中的权重却发生了变化。这时候使用 One-hot 编码，即

天气：{ 阴天、下雨、晴天 }；湿度：{ 偏高、正常、偏低 }

当输入 { 天气：阴天，湿度：偏低 } 时进行独热编码，天气状态编码可以得到 {100}，湿度状态编码可以得到 {001}，那么二者连起来就是最后的独热编码 {100001}。此时 {0,2} 转换后的长度就是 6 = 3+3，即 {100001}。

3.4　数据分析与采集实例：线性回归和逻辑回归

实验目标

利用线性回归预测加利福尼亚州房价信息，掌握回归基本概念，熟悉线性回归模型。使用平台提供的各种算法组件，构建线性回归和逻辑回归工程。

一、工程前期准备

1. 上传数据

（1）登录泰迪云——大数据实训管理平台，如图 3-1 所示。

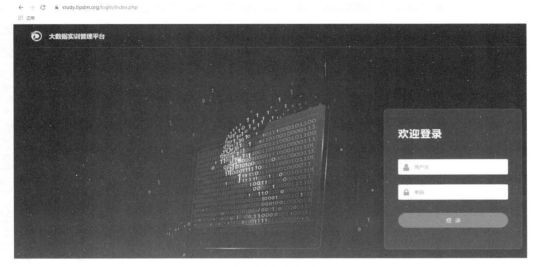

图 3-1　大数据实训管理平台一

（2）找到平台中的实训入口，选择对应的项目进入，如图 3-2 所示。

图 3-2　大数据实训管理平台二

（3）在"数据空间"模块，选择"新增数据集"进行工程前期准备，如图 3-3 所示。

（4）在"新增数据集"界面，"名称"文本框中填入 housing_data，"有效期"选择"永久"，"描述"文本框中填入"模式识别和机器学习 - 实验 1 线性回归和逻辑回归"，"访问权限"选择"私有"，选择 housing_data.csv 文件，然后单击"确定"按钮，如图 3-4 所示。

	我的数据集	公共数据集				
+ 新增数据集						请输入数据集名称
名称	创建人	数据来源	访问权限	创建时间	过期时间	
iris	yanshi	文件	公开	2022-07-07 13:54:41	4758-0604 13:54:41	

图 3-3 数据空间

*名称	housing_data
标签	请选择
*有效期（天）	永久
*描述	模式识别和机器学习-实验1 线性回归和逻辑回归
	23/140
访问权限	私有 公开
数据文件	到文件拖到此，或 点击上传（可上传20个文件，总大小不超过500MB） 拷贝数据
	housing_data.csv 1.4 MB 成功

取消 确定

图 3-4 新增数据集

（5）上传成功后，可以查看 housing_data 的数据，单击"操作"中的"查看"按钮，如图 3-5 所示。

+ 新增数据集					请输入数据集名称	开始日期 - 结束日期	搜索
名称	创建人	访问权限	创建时间	过期时间	复制来源	操作	
020_data	teacher1	私有	2022-10-27 14:37:27	2294-10-27 14:37:27		查看 编辑 删除	
housing_data	teacher1	私有	2022-10-27 17:53:19	2294-10-27 17:53:19		查看 编辑 删除	
air_data	teacher1	私有	2022-10-27 15:12:57	2294-10-27 15:12:57		查看 编辑 删除	
LogisticRegression	teacher1	私有	2022-10-27 17:30:25	2294-10-27 17:30:25		查看 编辑 删除	

图 3-5 查看数据集

（6）数据查看结果如图 3-6 所示。

数据集明细

文件信息

housing_data.csv 文件大小：1.83MB

MedInc	HouseAge	AveRooms	AveBedrms	Population	AveOccu
8.3252	41.0	6.984126988527...	1.984785722527...	322.0	2.55555555
8.3014	21.0	6.265145876314...	0.965235747314...	2401.0	2.10984188
7.2574	52.0	8.288546954528...	1.276576554528...	496.0	2.80221548
5.6431	52.0	5.845215459764...	1.073059360736...	558.0	2.54256958

图 3-6 数据集明细

2. 新建空白工程

（1）在"我的项目"模块，单击"工程"旁边的"+"按钮，新建一个空白的工程，如图 3-7 所示。

图 3-7 我的项目

（2）填写工程的信息，包括工程名称和工程描述，根据需求设置访问权限，如图 3-8 所示。

图 3-8 新建工程

二、数据预处理

1. 读取数据

读取 housing_data 数据，步骤如图 3-9 所示。

（a）

图 3-9 读取 housing_data 数据

图 3-9　读取 housing_data 数据（续图）

2. 全表统计

（1）了解数据整体情况，先对数据进行全表统计，分析统计结果，步骤如图 3-10 所示。

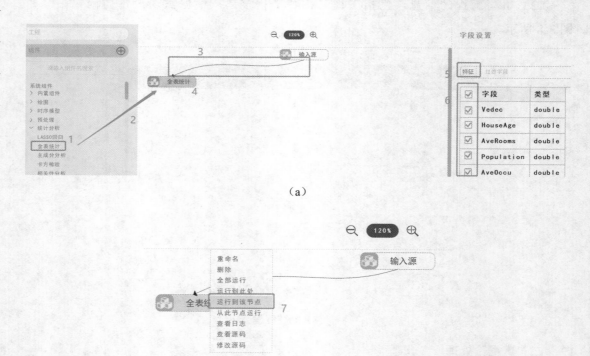

图 3-10　全表统计

（2）运行完成后，右击"全表统计"，选择"查看数据"。查看分析得到的各属性统计结果，如数据量、均值、方差、最大值、最小值等，如图 3-11 所示。

预览数据						
ccl	count	mean	sttd	min	25%	
Medinc	20640.0	3.87	1.9	0.5	2.56	3.53
HouseAge	20640.0	28.64	12.59	1.0	18.0	29.0
AveRooms	20640.0	5.43	2.47	0.85	4.44	5.23
AveBedms	20640.0	1.1	0.47	0.33	1.01	1.05
Populattion	20640.0	1425.48	1132.46	3.0	787.0	1166.0

图 3-11　查看结果

3. 数据标准化

（1）当属性间的量级相差较大时，如 Population 和 MedInc，容易造成取值较大的特征决定输出的结果。数据标准化将数据统一映射到特定的区间，消除数据的量纲，步骤如图 3-12 所示。

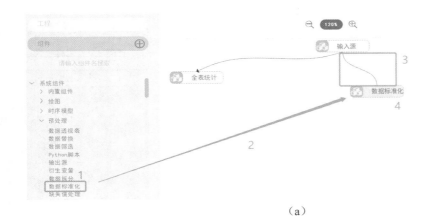 

（a）

（b）

图 3-12　消除数据量纲

（2）运行完成后，右击"数据标准化"，选择"查看数据"，如图 3-13 所示。

MedInc	HouseAge	AveRooms	AveBedms	Populattion	Longitude
0.265464321564646	0.965485214563259765	0.745321465464631846	0.275238996786325357	0.78674513241255223	0985236521456214527
0.246521653264514655	0.956321456325845695	0.285418465325642254417	0.785378378523453378233543	0.89741354561354387	0.658453215796522212
0.29521456822165464	0.6521456985254685695	0.78621373451378185885727	0.2752893287538573273523	0.846513279867869543	0.951486324754654
0.296325845625564654	0.97643521645979956556	0.789465341278946513	0.78952428523564325732	0.456123852654354	0.5894621646856568
0.2654643215646534418	0.785215632525285186	0.3685726382563825176385852	0.285272378523875238	0.9634513287643544	0.87564146196846

预览数据

图 3-13　查看数据

4. 表堆叠

将标准化后的自变量指标数据、因变量 AvePrice 数据进行合并，步骤如图 3-14 所示。

三、模型构建

1. 线性回归

（1）选择线性回归模型，步骤如图 3-15 所示。

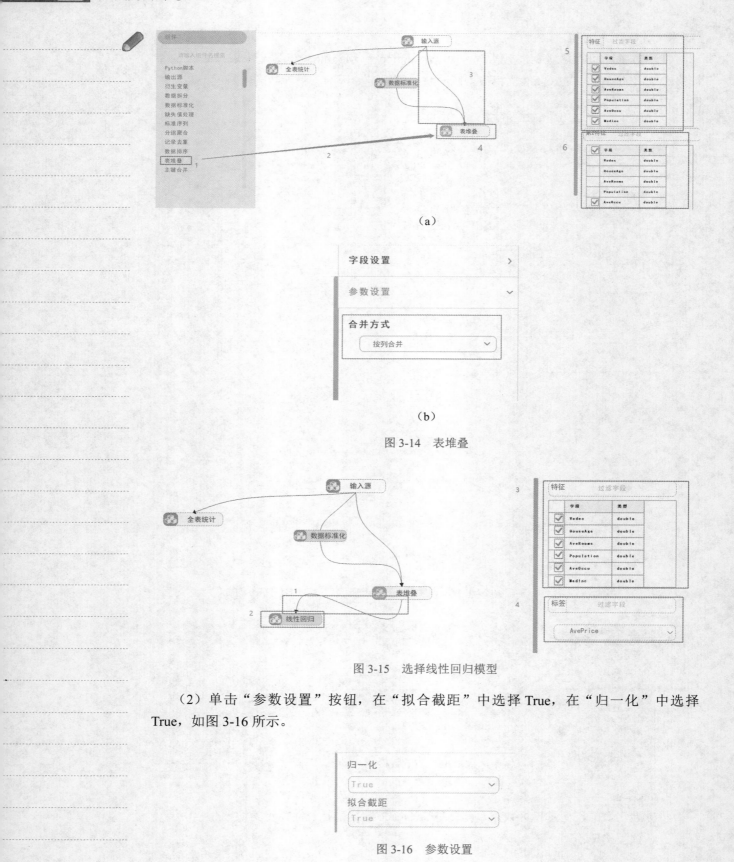

（a）

（b）

图 3-14　表堆叠

图 3-15　选择线性回归模型

（2）单击"参数设置"按钮，在"拟合截距"中选择 True，在"归一化"中选择 True，如图 3-16 所示。

图 3-16　参数设置

（3）右击"线性回归"，选择"运行该节点"，如图 3-17 所示。

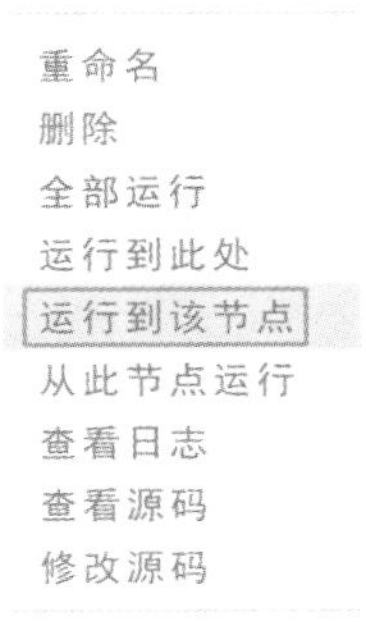

重命名
删除
全部运行
运行到此处
运行到该节点
从此节点运行
查看日志
查看源码
修改源码

图 3-17 运行节点

（4）运行完成后，右击"线性回归"，选择"查看日志"，查看结果如图 3-18 所示。

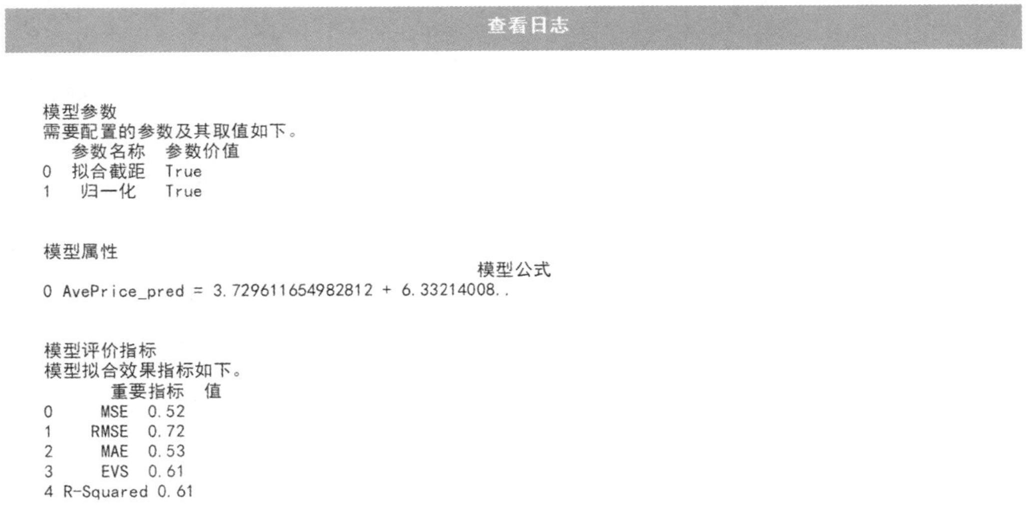

查看日志

模型参数
需要配置的参数及其取值如下。
　　参数名称　参数价值
0　拟合截距　True
1　归一化　　True

模型属性　　　　　　　　　　　　　　模型公式
0 AvePrice_pred = 3.729611654982812 + 6.33214008..

模型评价指标
模型拟合效果指标如下。
　　重要指标　值
0　MSE　0.52
1　RMSE　0.72
2　MAE　0.53
3　EVS　0.61
4 R-Squared 0.61

（a）

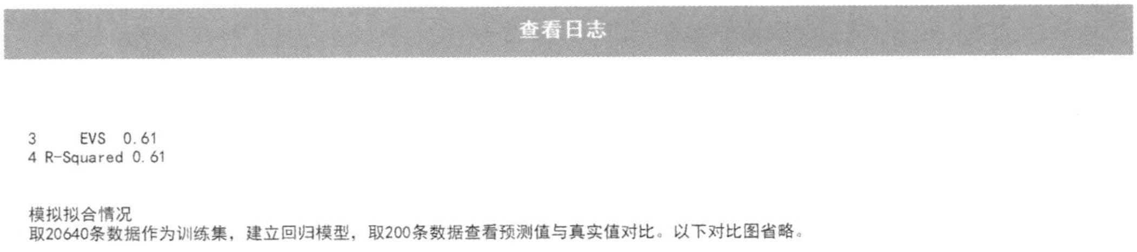

查看日志

3　EVS　0.61
4 R-Squared 0.61

模拟拟合情况
取20640条数据作为训练集，建立回归模型，取200条数据查看预测值与真实值对比。以下对比图省略。

（b）

图 3-18 查看日志

2. Lasso 回归

（1）选择 Lasso 回归模型，步骤如图 3-19 所示。

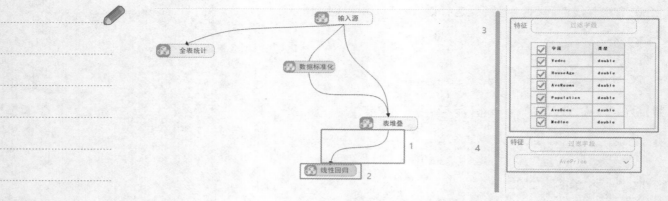

图 3-19 选择模型

（2）单击"参数设置"按钮，在"拟合截距"选择 True，"归一化"选择 True，"L1 项系数"选择 0.001，"最大迭代次数"选择 1000，如图 3-20 所示。

图 3-20 参数设置

（3）右击"Lasso 回归"，选择"运行该节点"，如图 3-21 所示。

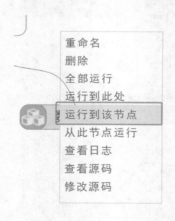

图 3-21 运行节点

（4）运行完成后，右击"Lasso 回归"，选择"查看日志"，查看结果如图 3-22 所示。

查看日志

Lasso回归算法报告

模型参数

需要配置的参数及其取值如下。

	参数名称	参数值
0	拟合截距	True
1	归一化	True
2	L1项系数	0.001
3	最大迭代次数	1000

模型评价指标

模型拟合效果指标如下。

	重要指标	值
0	NSE	0.70
1	RNSE	0.84

（a）

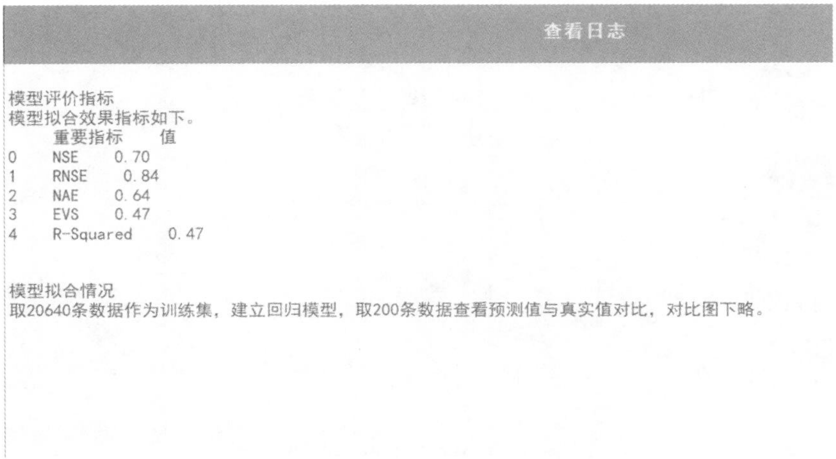

查看日志

模型评价指标

模型拟合效果指标如下。

	重要指标	值
0	NSE	0.70
1	RNSE	0.84
2	NAE	0.64
3	EVS	0.47
4	R-Squared	0.47

模型拟合情况

取20640条数据作为训练集，建立回归模型，取200条数据查看预测值与真实值对比，对比图下略。

（b）

图 3-22　查看日志

练习 3

1．什么是数据？请举例说明。

2．数据采集的方法有哪些？

3．简述数据清洗过程。

4．请完成 3.5 小节中的静态页面的爬取。

第 4 章　数据挖掘与分析

本章导读

　　数据挖掘与数据分析两者之间是密切的循环递归关系。数据分析结果需要进一步进行数据挖掘才能指导决策，而数据挖掘进行价值评估的过程也需要调整先验约束而再次进行数据分析。数据分析是把数据变成信息的工具，数据挖掘是把信息变成认知的工具，结合使用两种工具才能从数据中提取出一定的规律（即认知）。

本章要点

- ♥ 数据分析
- ♥ 数据挖掘
- ♥ 数据挖掘案例分析

4.1　大数据分析概述

　　大数据技术是 IT 领域新一代的技术与架构，它指的是在可承受的成本条件下，通过快速（Velocity）采集、发现与分析，从海量（Volume）、多样（Variety）的数据中提取价值（Value）。行业中的技术人员一般将大数据分析技术分为四大架构：抓取、存储、计算、展现。

　　由于数据量巨大，为了保证效益与效率，我们必须要尽可能快地对数据进行处理。因此若想做到"速度快""容错好"，从抓取、存储到计算都需要好的架构。下面就从这几个方面来介绍大数据分析的技术。

4.1.1　数据分析原则

1. 数据完整

　　通过网页或客户端等在线调研收集的数据，不可避免地会因安全软件、浏览器插件、不兼容等因素导致丢失。因此在调研上线前首先要在多种浏览器上进行测试，确保能正常递交数据；其次，在分析数据时，需要检查数据完整性，包括是否有跳题、漏答、逻辑错误等情况，否则可能会在报告写到一半时，发现数据有缺失。

2. 数据干净

　　在线调研不可避免会存在乱答题的情况，为确保数据质量不受影响，在完成数据完整性的检查后，还需要对在胡乱答题情况下收集到的"脏数据"进行清洗。

3. 数据代表性

问卷数据一般是通过抽样调查的方式获得的，用不同的抽样方法获得的数据代表性意义不同。若采用分层抽样（事先进行样本配比）的调查方法，得到的数据并不能代表总体，在结果统计时，需要对不同分类的样本进行加权（权重可以参考不同分类用户的实际占比）处理。若采用随机抽样的调查方式，则收集到的数据可以认为具有代表性（能代表总体），但受限于各种条件，一般无法做到真正意义上的随机抽样。

4. 数据处理过程可回溯

在进行数据检查、清洗的过程中，往往需要进行多步骤操作，容易在处理过程中出现错误，因此需要在一些关键步骤上进行数据保存并备注，以防止出现需要回溯的情况。编写的查错程序也需要进行保存，防止出错，也方便进行反查。

4.1.2　大数据分析特点

大数据本身的特点在前文已经详细解释过，也就是四个"V"。理解这五个维度是理解大数据概念的关键。当然，随着大数据技术的发展及其在行业中的应用，数据本身的规模也在一定程度上得到了扩展，这些扩展大大地丰富和改进了大数据的概念。而大数据分析的特点和四个"V"也紧密相关。

1. 数据分析量大

数据量本身就是聚合的概念。我们必须明确：不是数据量大的数据就被称为大数据，传统信息系统生成的"小数据"也是大数据分析的重要组成部分。大数据当前数据主要来自三个渠道，分别是物联网、互联网及传统信息系统，其中来自物联网的数据占比相对较大。相信在 5G 时代，物联网仍将是大数据的主要数据来源渠道。

2. 数据分析结构多样性

与创新信息系统（ERP）中的数据不同，大数据的数据类型非常复杂，其中包括非结构化数据、半结构化数据和结构化数据。这正是大数据技术兴起的重要诱因，同时也是传统数据分析技术所面临的巨大挑战。在工业互联网时代，大数据数据结构的多样性将得到进一步体现，这也将给提取数据价值过程造成新的挑战。

3. 数据价值密度

数据价值密度通常是衡量数据价值的重要基础。大数据的数据价值密度相对于传统信息系统较低，如果无法做到更快更精确地完成对数据价值的提取，将会在大数据平台失去一个核心竞争力。早期 Hadoop 和 Spark 平台能够在众多竞争者中脱颖而出的重要原因就是它们的数据处理（排序）速度相比其他平台更快。

4. 数据增长速度快

通常传统信息系统的数据增量或增长率是可预测或可控的，但在大数据时代，数据增长率大大超出了传统信息系统数据处理能力的自身极限范围。数据增长是一个相对的概念。与消费互联网相比，工业互联网带来的数据增长可能更加可观，因此工业互联网时代将进一步打开大数据的价值空间。

4.1.3 大数据分析流程

1. 确定目标

大数据分析的第一步是确定分析目标。在实际工作中，目标通常是由你的上级、客户或合作方提出来的，但在第一次的数据分析报告中，需要由你来提出并确定目标。选择目标时，请注意以下几点：

（1）尽量选择自己熟悉或感兴趣的行业或领域。这是为了保证在后续的分析过程中能够真正触及事情的本质，而不是就数字论数字。而这一分析过程就是我们常说的"洞察"。

（2）选择一个范围较小的细分领域或细分行业作为切入点。这样做可以帮助在完成工作报告时能有一条清晰的主线，而非单纯地对所得数据进行堆砌。

（3）确定所选择的领域或行业有公开发表的数据或可获取的 UGC 内容。因为只有获取到数据，才能分析数据，产出数据报告，所以选择的领域或行业必须存在可以获取的数据。

2. 获取数据

确定目标之后，就要开始获取数据。如果在上一步骤中完全遵循三个注意点，那么就可以明确所需要的数据。如果无法明确所需数据有哪些，可以回到三个注意点上重新制定目标。以下列出三类获取目标数据的方法：

（1）从一些有公开数据的网站上复制、下载，比如统计局网站、各类行业网站等。例如，要找汽车销量数据，在百度输入"汽车销量数据查询"关键字就可以得到一份销售数据，从数据中可以看到各月的汽车销量。善于使用搜索引擎能让自己获得更多有效的数据。

（2）从部分提供数据整理打包的网站或 API 下载。这个方法对于需要获取金融类数据的工作比较实用，其他类型的数据整理打包一般会采取收费的形式提供。

（3）通过技术手段或人工自行收集所需数据。可以采用爬虫工具自动爬取各类网站上的数据信息，例如点评网站的商家评分、评价内容等；也可以通过浏览相关网页，手动将所需要的信息复制收集下来；还可以通过调查问卷的方式进行在线调研，收集所需要的信息，但此方式的工作量或实现难度都相对较大。

3. 数据清洗

在完成数据收集之后就需要对数据进行清洗，排除无效值、异常值、重复值、空白值等无用数据。这项工作通常会占据整个数据分析过程 50% ～ 80% 的时间。尤其是通过网络爬虫获得的数据，其中的无效数据会占据大部分比例，必须进行清理。但无论采用何种方式获取数据，数据清洗都是一项必须要做的工作。

4. 数据整理

完成数据清洗后，需要对数据进行格式整理，从而进入下一步分析工作。对于初学者，使用 Excel 来完成工作就足够了。如果数据已经是表格形式，那么只需计算部分二级指标，比如用今年销量和去年销量计算出同比增长率。但不建议初学者计算过多复杂的二级指标，只需计算基本的同比、环比或占比分布等就足够了。如果所收集的不是数值数据，比如是顾客对商家的点评，那么进行下一步统计之前，需要通过"关键词—标签"方式，将句子转化为标签，再对标签进行统计。

5. 描述分析

描述分析是最基本的分析统计方法，在实际工作中的应用最广范。描述统计分为两部分：数据描述和指标统计。

（1）数据描述：对数据进行基本情况的刻画，其中包括时间粒度、时间跨度、数据总数、空间粒度、空间范围、数据来源等。如果需要建模，那么还要看数据的分布、极值、离散度等内容。

（2）指标统计：分析实际情况的数据指标，可粗略分为分布、变化、对比、预测四类。

- 分布：指标在不同层次上的表现，包括用户群分布、地域分布、产品分布等。
- 变化：指标随时间的变动，表现为增长幅度，如环比、同比等。
- 对比：包括内部对比和外部对比。内部对比包括团队对比、产品线对比；外部对比主要是与市场环境和竞争者对比。这一部分和分布有重叠的地方，但分布更多用于找出好或坏的地方，而对比更偏重于找到好或坏的原因。
- 预测：根据现有情况，估计下个分析时段的指标值。

6. 洞察结论

基于描述分析得到图表，进行洞察结论。这一步是数据报告的核心，也是最能看出数据分析师水平的部分。对于同样的图表，初学分析师与经验丰富的分析师可能会得出完全不同的结论内容。

4.1.4　数据分析师基本技能和素质

随着科技的创新和发展，各行各业对专业数据分析师的需求日益增长，因为数据分析师是既能分析数据又能实现业务增长的复合型人才。成为数据分析师并不简单，因为需要学习的专业知识非常多，所以在学习时必须建立一个清晰的知识体系，判断出哪些知识是需要优先学习并且不断优化提高的重点。

通过分析数据帮助企业实现业务增长是数据分析师存在的意义，因此数据分析师的业务能力是必不可少的。对企业的产品、用户、所处市场环境及企业劳动力素质等都必须有充分的了解，从而才能更好地帮助企业建立具体的业务指标或辅助企业进行运营决策。这些只是需要重点学习的最基本的内容，若想成为一名优秀的数据分析师，还需要学习更多的技能，例如企业管理、人工智能等，同时还应该具备以下五方面的素质：

（1）严谨负责的态度。数据分析师的必备素质之一是态度严谨负责，只有秉持严谨负责的态度，才能保证数据的客观与准确。数据分析师在企业中的角色可以认为是一名医生，他们通过对企业运营数据的分析，为企业寻找症结所在。

（2）强烈的好奇心。每个人都有好奇心，但数据分析师的好奇心应该比常人更加强烈。数据分析师要热衷于积极主动地挖掘出隐藏在大数据暗处的真相。每个数据分析师都应该时刻向自己提问为什么："为什么结果不是预期的答案？""导致这个结果的原因是什么？""为什么不是那样的结果？""为什么是这样的结果？"这一系列问题都要在进行分析时提出来，并且通过数据分析给自己一个完美的答案。

（3）清晰的逻辑思维。除了一颗探索真相的好奇心，数据分析师还需要具备缜密的思维和清晰的逻辑推理能力。在实际的数据分析工作中，我们所要面对的商业问题并不是简洁单一的，需要考虑许多错综复杂的成因，分析所面对的各种复杂的环境因素，最后选择出一个最优发展方向。这就要求数据分析师对事实有足够充分的了解，同时也需要真正理清问题局部以及整体的结构，进而理清结构中的相互逻辑关系。

（4）擅长模仿。在进行数据分析时，有自己的想法固然重要，但是前辈们的丰富经验以及案例也非常值得借鉴，"模仿"前者能帮助数据分析师快速成长。模仿主要是参考他人优秀的思路或借鉴成功的案例方法。成功的、有质量的模仿并不是对他人的成果照搬照抄，而是需要领会他人方法的精髓，理解其核心分析原理。

（5）勇于创新。只擅长模仿并不是长久之计，在每次"模仿"之后都需要进行自己的经验总结，从而对分析思路或方法有进一步的改进或创新。创新是一个优秀数据分析师应具备的精神，只有不断创新，才能提高自己的分析水平。

4.1.5　大数据分析难点

无论从业务重要性方面还是从实际数据量方面来看，大数据都是一个非常庞大且重要的存在。尽管大数据如此重要，但依然只有 38% 的企业有能力处理源源不断的大数据。

因为一般人很难对如今来自众多不同数据源且类型多种多样的数据进行处理。他们没有轻而易举能获取数据的能力，也没有强大的洞察力，即使有数据分析的工具也无法发挥真正的作用。更何况，如今的大数据分析工具也面临着四大常见难题。

1. 需要在更短的时间内处理更多的数据

现如今，面对众多的社交媒体、传感器、物联网及更多数据源，企业几乎完全被淹没在一片数据汪洋之中。如果缺乏能够迅速处理数据、提供实时洞察力的具有弹性的 IT 基础设施，就不能及时处理数据，进而就会影响关键业务的决策，造成企业损失。

2. 高效地处理数据质量和性能

实际工作中，我们可能会遇到这样的项目：项目庞大，持续时间也很长，随着项目越来越庞大，实际上却无力跟踪性能指标。于是就会陷入恶性循环：在没有洞察力的情况下贸然做决策，洞察力被长年累月的工作隐藏起来。稍加思考就能知道，我们几乎不可能在没有任何可靠数据的情况下对各种指标（如利润、亏损等）进行有效的跟踪。但倘若有一种基础设施与你的业务目标相一致，并且提供可以信赖的实用、实时的业务洞察力，那么问题就迎刃而解了。

3. 确保合适的人员可以使用分析工具

当前企业一般很难将分析结果转化为实际行动。数字时代的消费者期望从第一次搜索直到购买都能享受定制的体验。尽管许多公司通过网站跟踪、cookie、奖励计划或电子邮件等收集了大量的数据，但却无法分析数据，无法为消费者提供所需的服务或产品，最终错失商机。如果合适的人员无法使用合适的工具，即使拥有再多的数据也对业务增长无济于事。

4. 需要可灵活扩展、适合公司业务的大数据解决方案

不管数据处于何种位置，没有合适的基础设施来支撑，即使数据量再大也没有办法发挥出数据的潜力。共享式的、安全有保障的访问是关键，还要确保数据随时可用。想在合适的时候让合适的人员获得合适的洞察力，就需要有一套灵活、可扩展的基础设施，能够

可靠地将前端系统与后端系统整合起来，并且让公司的业务顺畅地运行起来。

4.2　数据认知

随着大数据在企业或事业单位的应用越来越广泛，人们对大数据及大数据价值也有了更多的认知。大数据已经成为了一种新的经济资产，并且被称为"新世纪的矿产与石油"，同时它也为整个社会带来了全新的商业模式、投资机会及创业方向。

大数据时代，组织和企业会更多地依靠数据分析而非经验和直觉来制定决策。因此，能否充分挖掘并有效利用数据价值成为了每个组织或企业在市场中是否有强大竞争力的判定法则之一。每个人的身边都有不少能通过挖掘数据价值，提升组织或和企业竞争力的客户。像所有的科学技术一样，大数据也是一把双刃剑，能否合理利用成了其剑锋所向的分界点。

数据安全分为多个层次，如规章制定、信息收集安全、信息传输等环节安全。对于业务数据的安全，则"三分制定，七分技术"，除此以外，其他安全也是至关重要的。

大数据的四个 V 特征也决定了其安全风险。数据安全比传统信息安全更加复杂，体现在三个方面。

（1）敏感数据的应用界限不够清晰明确，一般的数据分析都未能考虑到个体隐私问题。

（2）大数据对数据安全的依赖程度提高，传统安全工具（DDos、APT 等）在防止数据丢失、数据泄露等环节上存在一定的技术难度。

（3）业务数据日渐庞大，包括海量的个人资料、企业数据、客户隐私等，这些数据在集中存储环节存在很大的泄露隐患。

大数据技术主要针对人与事物之间或事与物之间的关系进行分析。如果大数据技术对于决策者来说只是单纯的辅助作用，那并不可怕。但事实却几乎相反，大数据分析技术逐渐成为一项重要的甚至关键的业务决策流程，越来越多的决策都离不开大数据分析的结果。对于决策者来说，最艰难的事情不是做出决定，而是在依据自己的逻辑思考做决定和依据智能分析结果做决定两者间做出选择。事实说明，智能分析的结果往往是正确的，我们也对其产生了依赖。这种依赖会导致我们过分信任智能分析，从而忽略了智能分析可能会因数据错误或分析逻辑不正确而出现错误的结果，导致我们根据错误结果做出错误的决定。因此，面对海量数据存储、管理和分析，传统的对错分析和奇偶校验可能不能满足需求。

1. 大数据就是"大风险"

大数据种类丰富、存储量大，对其进行管理是一项具有挑战性的工作。无论从数据的存储、应用还是环境角度看，"管理风险"都是"大数据就是大风险"不可避免的潜在推力。而数据安全是使用单位的重中之重，数据安全技术直接影响国家安全。总结起来，主要体现在五个方面。

（1）消费化。随着移动办公的兴起和普及，移动设备也正在逐渐介入到数据收集、访问、存储、传输等环节中。为了使工作更便捷，越来越多的员工使用自己的移动设备进行办公。虽然方便了员工，但却给企业带来了巨大的安全隐患——黑客会利用移动设备作为跳板入侵到企业内网。所以，移动设备的安全性关系着企业的安全。

（2）隐私。个人隐私问题一直以来都备受关注，是一项社会问题。随着数据量不断增大，通过多种关联技术的分析日渐成熟，个人隐私问题也将越加凸显。

（3）云数据。由目前的情况可知，一般企业在云服务等新技术的应用上依然存在着许多问题与困难，因为运用新技术的过程会不可避免地出现一些无法预料的问题。除此以外，放在云端的大数据更是方便了黑客获取信息，因此企业对云计算的安全性要求就会更高。

（4）互相联系的供应链。企业是供应链中的一部分，而且这个供应链具有复杂性及全球性。信息将供应链的每一部分都紧密地联系在一起，包括数据、商业机密以及知识产权。供应链内部信息的泄露会给企业带来经济和名誉上的重大损失，因此信息安全也越来越被重视。

（5）网络安全。随着互联网、物联网以及移动互联网的不断发展，IT资源产生的、正在被利用的在线数据量也越来越大。但已有的分析利用效率越来越低，维护数据与利用数据的压力急速增大。所以企业在大数据应用中，对网络的恢复、防范依赖性就越来越高。

以上五个围绕大数据的安全问题概括了当前大数据安全所面临的主要问题。信息安全是关乎企业生存命脉的一根红线，在任何时期都是不可碰触的。若想在大数据的双刃剑面前使大数据成为助力企业发展的工具，则关键环节就是必须保护好敏感数据的安全及其大数据分析生成的各种机密文档、市场报告、战略方案等成果。

各类技术都在考虑其安全性，并力求从中寻求一个契合点。云计算与大数据也都在寻求安全与各类技术有效融合的方法。当大数据考虑安全性的时候，一个全新的安全生态系统伴随着大数据生态系统的成熟逐渐在我们眼前清晰地展开，资本运作和创新的动力不断地驱动着安全向前迈进。

2. 数据信息的"安保"直接影响数据开发

不可否认，信息化程度越高，信息安全风险就越大。如果无法确保数据信息的安全，实现数据信息"安保"，数据的开发将会成为一场灾难。数据安全问题困扰着全球，对于我们国家来说，更是巨大的挑战。

（1）对数据资源及其价值的认识不足。现如今，社会对大数据的认知还不够科学及客观，对数据资源及其在生产、生活或社会管理等方面的价值利用也不够了解，存在盲目追逐硬件设施投资、轻视数据资源积累和价值挖掘利用等现象。这是我国大数据发展将在未来长期面临的最大挑战，但也是比较容易实现的目标。

（2）没有足够的技术创新与支撑能力。大数据需要从底层芯片、基础软件到应用分析软件等信息产业全产业链的支撑。但国内无论是在分布式计算架构、新型计算平台还是在大数据处理、分析及呈现等方面都与国外存在较大的技术差距，对开源技术与相关生态系统的影响力也不够强大，总体上依然难以满足各行业对大数据应用的需求，而这正是国内大数据发展在短期内面临的最大的挑战。

（3）数据资源建设及应用水平不高。绝大部分用户数据意识不足，对数据资源的建设不够重视。有数据意识的机构看重数据的简单存储，却忽略了对后续应用需求的加工整理。更何况，几乎所有的数据资源都存在质量差、缺乏标准规范等现象。许多跨部门、跨行业的数据无法流畅地进行共享，有价值的公共信息资源或商业数据开放程度低。总体来说，数据价值难以被有效地挖掘利用，大数据应用整体上处于起步阶段，潜力远未释放。

（4）尚未建立信息安全和数据管理体系。目前，国内依然缺乏关于信息隐私权、数据所有权等相关法律法规，缺少开放共享、信息安全等标准规范，技术安全防范与管理能力不足，未能建立起兼顾安全与发展的数据开放、管理和信息安全保障体系。

（5）缺乏足够的人才队伍。国内十分缺乏综合掌握统计学、数学、计算机等相关学科及应用领域知识的综合性数据科学人才，远不能满足发展需要。国家应加强建设既熟悉行业业务需求，又掌握大数据技术与管理的综合型人才队伍。

4.2.1　数据预处理

大数据并非大量地收集在一起就能自动发挥出作用，还需对其进行挖掘。但存在的数据中，几乎都是不一致、不完整的"脏数据"，无法直接进行数据挖掘，即使强行挖掘，得到的结果也是差强人意。为了提高数据挖掘的质量产生了数据预处理技术。

数据的预处理是指对所收集数据进行分类或分组前所做的审核、筛选、排序等必要的处理。数据预处理方法的方式多种多样，包括数据集成、数据清理、数据归约、数据变换等。在进行数据挖掘之前使用这些数据预处理技术，能大大提高数据挖掘模式的质量，降低实际挖掘所需要的时间。

在工程实践中，数据预处理流程没有严格的标准，针对不同的任务或不同的数据集属性有不同的流程。数据预处理的常用流程为去除唯一属性→处理缺失值→属性编码→数据标准化→正则化→特征选择→稀疏表示和字典学习。

1．去除唯一属性

唯一属性（如 ID 属性）通常无法刻画样本分布规律，对于数据挖掘没有价值，可以删除。

2．处理缺失值

处理缺失值的方法有三种：①把含有缺失值的特征删除；②直接使用含有缺失值的特征；③补全缺失值。常见的缺失值补全方法有建模预测、均值插补、高维映射、同类均值插补、压缩感知、极大似然估计、多重插补和矩阵补全。

3．特征编码

（1）独热编码（One-Hot Encoding）。独热编码采用 N 位状态寄存器来对 N 个可能的取值进行编码，每个状态都由独立的寄存器来表示，并且在任意时刻只有其中一位有效。

（2）特征二元化。特征二元化的过程是将数值型的属性转换为布尔值的属性，设定一个阈值作为划分属性值为 0 和 1 的分隔点。

4．数据标准化、正则化

（1）数据标准化是将样本的属性缩放到某个指定的范围。某些算法要求样本具有零均值和单位方差，需要消除样本不同属性具有不同量级时的影响：①数量级的差异将导致迭代收敛速度减慢；②数量级的差异将导致量级较大的属性占据主导地位；③依赖于样本距离的算法对于数据的数量级非常敏感。

（2）数据正则化是将样本的某个范数缩放到位 1，正则化的过程是针对单个样本的，对于每个样本将样本缩放到单位范数。

5．特征选择

为了降低学习难度、减轻维数灾难问题而进行特征选择。特征选择是指从给定的特征集合中选出相关特征子集的过程，进行特征选择必须确保不丢失重要特征。常见的特征选择方式有包裹式（Wrapper）、嵌入式（Embedding）和过滤式（Filter）。

6. 稀疏表示和字典学习

（1）稀疏编码：获取样本的稀疏表达。

（2）字典学习：学习一个字典，通过该字典将样本转化为合适的稀疏表示形式。

4.2.2 概率分析

概率分析又称为风险分析，通过研究各种不确定性因素发生不同变动幅度的概率分布及其对项目经济效益指标的影响，判断项目的风险性、可行性以及方案优劣，是一种不确定性分析法。通过概率分析，计算出其期望值及标准差，可为项目的风险决策提供依据。概率分析在大中型重要若干项目的评估和决策中比较常用。步骤如下：

第一步：列出所有需要考虑的不确定因素，例如销售量、价格、成本等（所选的不确定因素之间应互相独立）。

第二步：设想每个不确定因素可能发生的情况，即其数值发生变化的几种情况。

第三步：确定各个因素的每个情况发生的可能性，即概率。各个不确定因素的各种可能情况出现的概率之和必须等于1。

第四步：采取适当的方法计算目标值的期望值。

第五步：求出目标值大于或等于零的累计概率。对于单个方案的概率分析，应求出净现值大于或等于零的概率，该概率值的大小可以用于估计方案承受风险的程度，概率值越接近1，技术方案风险越小，反之，方案的风险越大。

4.2.3 对比分析

数据分析中最常见的实用分析方法是对比分析法，它通过分析对比两个或两个以上数据的差异来揭示事物代表的发展变化情况及规律。

1. 对比分析的特点

（1）简单。相比其他分析，对比分析的操作步骤更少，也没有过于复杂的计算。

（2）直观。通过对比分析，能够直接看出事物的变化或差距，非常明显地知晓对比数据的相同或不同。

（3）量化。对比分析能够准确表示出变化或差距是多少，根据变化或差距的度量值进行细分就能找到原因。

2. 对比分析需要坚持可比性原则

（1）对比对象相似。越相似的对比对象，越具可比性。比如，用哈尔滨的 GDP 与美国相比，两者不在一个量级水平上，相似性弱，几乎没有可比性；但用中国的 GDP 与美国相比，两者水平相似，可比性也就更高。

（2）对比指标同质。具体表现为以下三点：

1）指标计量单位一致。不能拿身高和体重进行比较，二者常用单位一个是长度单位，一个是重量单位。

2）指标口径范围相同。比如，若要比较甲 App 与乙 App 的用户年留存率，需要用相同年份的数据，而不能将乙 App 2017 年的数据与甲 App 2018 年的数据进行比较。

3）指标计算方法一样，也就是计算公式相同。比如不能一个用除法、一个用加法进行计算。

进行对比分析前要先核查对比对象与对比指标是否符合对比原则，如果不符合原则，可能会导致结论错误，从而影响对事物的判断。

4.2.4 相关分析

相关分析就是衡量两个数值型变量的相关性，以及计算相关程度的大小。它是描述客观事物相互间关系的密切程度，并用适当的统计指标表示出来的过程。例如，在一段相同的时间内，若出生率随经济水平的上升而上升，表示出生率与经济水平之间是正相关关系；若生长率下降，经济水平上升，则表示两者是负相关关系。

为了确定相关变量之间的关系，可以先收集一些"成对"的数据（如身高和体重），然后将数据表示在直角坐标系上。坐标系上的这一组点集称为"散点图"。

相关分析按变量的个数可分为三类：①单相关，即研究两个变量之间的关系；②复相关，即研究一个变量与 N 个变量之间的关系；③偏相关，即就多个变量测定其中两个变量的相关程度而假定其他变量不变。

相关分析有三个特点：①变量 X 与变量 Y 只能计算出一个相关系数，相关系数是唯一的；②计算相关系数时，变量 X 与 Y 获取的资料方式相同；③两个变量全是随机变量，即 X 是随机变量，Y 也是随机变量。

4.3　数据建模

我们通常把以建立数据科学模型为手段解决现实问题的过程称为数据建模，也可以称为数据科学项目的过程。数据建模的过程是按照周期规律循环的，具体循环过程大概可分为以下六个步骤。

（1）制定目标。在制定目标前，首先需要对业务有足够的了解并且需要明确所面临的商业现实问题。比如在存在"假粉丝"情况的社交平台 KOL 中，如何将假粉丝识别出来就是一个所面临的现实问题。

（2）数据理解与准备。明确要解决的问题后，基于问题准备和理解数据。通常需要解决的问题有：数据质量是否可靠？数据能否满足需求？需要准备何种数据指标？数据指标的含义是什么？数据是否需要再次加工？

需要注意的是，数据准备工作可能不会一次就成功，需要进行反复试错，因为复杂的大型数据中存在的模式相对难以被发现，初步形成的假设很有可能被推翻。

数据建模后需要评估模型的效果，因此一般需要将数据分为训练集和测试集。

（3）建立模型。在数据已准备好的基础上，根据需要解决的问题建立合适的数据模型。建立的模型可能是机器学习模型，也可能不需要机器学习等高深的算法，这需要根据实际情况选择。也可以选择两个或两个以上的模型进行对比，并适当调整参数以不断优化模型效果。

（4）评估模型。模型建立完成后需要对模型进行评估，对模型效果的评估主要有两个方面：一是模型是否已经完全解决需要解决的问题（包括可能被忽略的潜在问题）；二是模型是否具有足够的精确性（误差率或者残差是否符合正态分布等）。比如在识别 KOL 社交平台"假粉丝"的问题中，需要对模型是否能识别假粉丝、误差率的大小等方面进行评估。

（5）呈现结果。完成评估后将模型已经解决的问题、解决效果、如何解决以及具体操作步骤做一个结果呈现。

（6）部署模型。通过以上步骤解决现实问题后，一般需要将方案通过线上技术环境部署落实，为后续不断优化模型以及更好地解决问题打下基础。若交由工程人员部署技术环境，数据建模团队需要撰写一份能确保工程人员可以理解的需求文档，才能达到更好的模型部署效果。

4.3.1　模型分类

建模数据的抽取、清洗及加工和建模算法的训练及优化都涉及大量的计算机语言和技术，例如数据操作系统 Linux、数据环境 Hadoop 和 Spark、数据查询语言 SQL、数据分析软件 R、Python、SAS、Matlab 等。

特征工程涉及多个学科的基本概念，包括数学、统计学、信息论、计量等。例如变量的均值、分位数、信息熵、峰度、马氏距离、衰退速率等。

建模阶段涉及多种量化模型，例如计量模型、复杂网络、统计模型、机器学习模型等，其中较为常见的有随机森林、SVM、回归分析模型、神经网络、时间序列等。

在学习过程中，既要了解基本的数学原理，也要深入掌握对应的计算机语言，这样才能在实际的项目中做到自如运用各种模型算法。最低要求是要会在主流的分析软件中调用算法包，如果能自己实现算法的编写和精进，效果会更上一层，因为只有这样才能相对正确地设计并依据实际数据结构优化算法，得到各方面表现都相对优异的模型。

比如，在特征工程中的特征构建、缺失值处理等都取决于模型方法、数据、业务目标等。除了量化指标构造的特征，对模型表现贡献最多往往是构造逻辑、与业务逻辑关系紧密的特征。以下例子可以说明。

例：异常的交易风险，通常表明客户存在违约或者欺诈的风险，那应该如何构造特征来描述异常交易风险呢？

（1）利用统计指标方差、变异度、数学指标、马氏距离。

（2）根据业务逻辑：过去 3 天的交易金额相较于历史水平涨幅大于 100%。

后者来自对业务的理解和消化，并不专属于任何一门学科。因为建模是一方面，模型能够实施生产是另一方面。特征量大与结构复杂的模型通常需要消耗更多的人力资源、计算资源及时间资源。建模人员需要考虑模型的现有表现与未来可能的衰减速度是否值得耗费大量资源生产部署，还需要考虑模型部署后带来的效益是否能在长期内冲销成本。

在数据分析与挖掘中，我们通常需要根据一些数据建立起特定的模型，然后进行处理。模型的建立依赖于算法，常见的算法有聚类（无明确类别）、分类（有明确类别）、回归、关联等。数据分类主要处理现实生活中的分类问题，一般处理思路为：首先明确需求并对数据进行观察，其次确定算法，再确定步骤，最后编程实现。

4.3.2　决策树

决策树是一种机器学习的方法，它的生成算法有 ID3、C4.5 和 C5.0 等。决策树是一种树形结构，其中每个内部节点代表一个属性上的判断，每个分支代表一个判断结果的输出，每个叶节点代表一种分类结果。

决策树是一种十分常用的分类方法，需要监督学习（Supervised Learning）。监督学习就是学习一个模型，即给出一堆分类结果已知的样本（即每个样本都有一组属性和一个分类结果），通过学习样本得到一个决策树，根据这个决策树可以对新的数据给出正确的分类。

决策树的构成思路很容易理解，下面举例说明。

给出一组数据，见表 4-1。一共有十个样本（学生数量），每个样本有分数、出勤率、回答问题次数、作业提交率四个属性，最后一列是判断这些学生是否是好学生的人工分类结果。

表 4-1　人工分类结果

学生编号	分数 / 分	出勤率 /%	回答问题次数 / 次	作业提交率 /%	是否是好学生
1	99	80	5	90	是
2	89	100	6	100	是
3	69	100	7	100	否
4	50	60	8	70	否
5	95	70	9	80	否
6	98	60	10	80	是
7	92	65	11	100	是
8	91	80	12	85	是
9	85	80	13	95	是
10	85	91	14	98	是

然后用这一组附带分类结果的样本可以训练出多种多样的决策树，这里为了简化过程，我们假设决策树为二叉树，如图 4-1 所示。

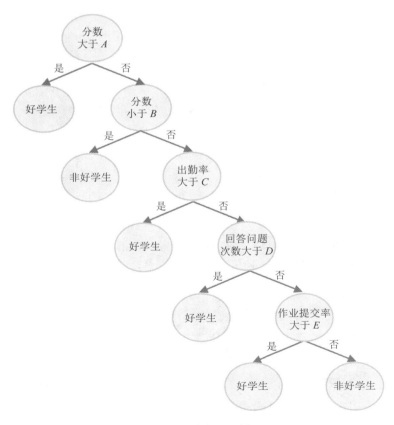

图 4-1　分类二叉树

图 4-1 中的 *A*、*B*、*C*、*D*、*E* 称为阈值，通过表 4-1 的数据，可以设置 *A*、*B*、*C*、*D*、*E* 的具体值。生成决策树的两个主要步骤一般通过学习已知分类结果的样本来实现。

● 节点的分裂：当一个节点所代表的属性无法给出判断时，则将此节点分成 2 个或 *n* 个子节点。

● 阈值的确定：选择适当的阈值可以使训练误差（Training Error）降到最低。

决策树是一种基本的分类与回归方法。决策树模型呈树形结构，在分类问题中，表示基于特征对实例进行分类的过程。它可以认为是 if...then 规则的集合，也可以认为是定义在特征空间与类空间上的条件概率分布。

其主要优点是模型具有可读性，分类速度快。学习时，利用训练数据，根据损失函数最小化的原则建立决策树模型。预测时，对新的数据利用决策树模型进行分类。其中每个非叶节点表示一个特征属性上的测试，每个分支代表这个特征属性在某个值域上的输出，而每个叶节点存放一个类别。

使用决策树进行决策的过程就是从根节点开始，测试待分类项中相应的特征属性，并按照其值选择输出分支，直到到达叶子节点，将叶子节点存放的类别作为决策结果。

决策树模型核心是下面几部分：

● 由节点和有向边组成。

● 节点有内部节点和叶节点两种类型。

● 内部节点表示一个特征，叶节点表示一个类。

图 4-2 即为一个决策树的示意描述，内部节点用矩形表示，叶子节点用椭圆表示。

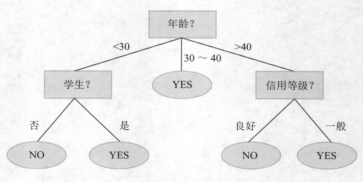

图 4-2　决策树示意描述

比较常用的决策树有 ID3、C4.5 和 CART（Classification and Regression Tree，分类回归树），CART 的分类效果一般优于其他决策树。

1. ID3

ID3 分类算法使用信息增益作为属性选择标准，由罗斯昆于 1986 年提出。ID3 由增熵（Entropy）原理来决定父节点与子节点的分裂，即通过检测，选出所有属性中信息增益值最大的属性，产生决策树节点，根据该属性的不同取值建立分支，随后递归调用此方法对各分支的子集建立决策树节点的分支，直到所有子集仅包含同一类别的数据为止，最后得出一棵决策树后可用来将新的样本分类。对于一组数据，熵越小说明分类结果越好。

ID3 算法采用的是自上而下、贪婪的搜索方法。ID3 搜索的假设空间是可能的决策树的集合，搜索目的是构造与训练数据一致的决策树，搜索策略是爬山法，在构造决策树时从简单到复杂，用信息熵作为爬山法的评价函数。算法的核心在于决策树各节点属性的选择，用信息增益作为属性选择的标准，使得在每个非叶节点进行测试时能获得关于被测数据最大的类别信息，使得该属性将数据集划分为子集后系统的熵值最小。

ID3 算法具有学习能力强、方法简单及理论清晰等优点，同时也存在以下几个需要改进的地方：

（1）ID3 算法无法处理连续型数据，只能对分类属性数据进行处理。

（2）ID3 算法对测试属性每个取值的分支分别划分数据样本集，导致被划分样本集产生的子集越来越小，子集规模过小会造成统计特征不充分，划分过程将会因此停止。

（3）ID3 算法中决策树节点属性的选择标准是信息增益较大的属性，而一般类别值多的属性信息增益值会比类别值少的属性的信息增益大，这将导致决策树算法偏向选择具有较多分支的属性，因此可能过度拟合。在极端情况下，如果某个属性对于训练集中的每个元组都有一个唯一的值，则认为该属性是最好的，因为对于每个划分都只有一个元组（因此也是一类）。

2．C4.5

在 ID3 算法中，越细小的分割分类错误率越小，因此 ID3 会越分越细。比如以表 4-1 中第一个属性（分数）为例，设阈值小于 70 可将样本分为两组，但是分错了一个；如果设阈值小于 70，再加上阈值等于 95，那么分错率降到了 0。但这仅对训练数据有作用，对于新数据却没有意义，这就是所说的过度学习（Overfitting）。

分割得越小，对于训练数据的分类错误率可以降到 0，但是面对新数据时，错误率反而会上升。决策树是通过分析训练数据，得到数据的统计信息，而不是为训练数据量身定做的。

例如，裁缝给 10 位顾客做出一件 10 个人都合身的均码衣服，那么就意味着，只要与这 10 个人身材相似的人基本上都可以穿上这件衣服。但是如果裁缝为这 10 个人每人都量身定做一件合身的衣服，那么这 10 件衣服除了这 10 个人本身，别人都不会合适。

所以为了避免分割太细，C4.5 对 ID3 进行了改进。在 C4.5 中，优化项要除以分割太细的代价，这个比值叫作信息增益率，显然分割太细导致分母增加，信息增益率会降低。除此之外，其他的原理和 ID3 相同。

3．CART

CART 是一个二叉树，也是回归树，同时也是分类树。CART 的构成非常简单，它只能将一个父节点分为两个子节点。

CART 用 GINI 指数（与熵概念相似，总体内包含的类别越多，GINI 指数越大）来决定如何分裂。例如：

（1）如果用出勤率大于 70% 这个阈值将训练数据分成两组，则出勤率大于 70% 的学生里有两类，即"好学生"和"不是好学生"，而出勤率小于或等于 70% 的学生里也有两类，即"好学生"、"不是好学生"。

（2）如果用分数小于 70 分来将数据进行分类，则分数小于 70 分的学生只有一类，即"不是好学生"；而分数大于或等于 70 分的学生有两类，即"好学生"和"不是好学生"。

比较（1）和（2）会发现，（1）的分类比（2）的更多，也就是（1）的凌乱程度比（2）大，即 GINI 指数（1）比（2）大，所以选择（2）的方案。以此为例，将所有条件列出来，选择 GINI 指数最小的方案。

CART 还是一个回归树，回归解析用来决定分布是否终止。在理想的情况中，当每一个叶节点里都只有一个类别时停止分类。但实际上大部分数据很难做到完全划分，或者说，做到完全划分需要很多次分裂，会造成运行时间过长。为了降低计算成本，CART 对每个叶节点里的数据计算均值方差，根据方差值的大小决定是否停止分裂。

CART 和 ID3 一样，存在偏向细小分割，即过度学习（过度拟合）的问题，为了解决这一问题，需要对特别长的树进行剪枝处理。

以上的决策树训练的时候，一般会采取交叉检验法（Cross Validation）。

比如一共有 10 组数据：

第一次：1 ～ 9 做训练数据，10 做测试数据。

第二次：2 ～ 10 做训练数据，1 做测试数据。

第三次：1、3 ～ 10 做训练数据，2 做测试数据。

以此类推，完成十次。

这样称为十折交叉检验（10 folds Cross Validation）。如果数据分 3 份，2 份做训练，1 份做测试，则称为三折交叉检验（3 folds Cross Validation）。

4.3.3　关联分析

关联分析（Correlation Analysis）是研究现象间是否存在某种依存关系，并具体对具有依存关系的现象进一步探讨其相关程度及相关方向，是研究随机变量间相关关系的一种统计方法。主要通过计算协方差、绘制相关图表或相关系数来确定相关关系的存在、密切程度以及呈现方向与形态。

（1）图表分析。为了更好地表现出数据的变化趋势和相互之间的联系，可以使用可视化手段将数据展现出来。可视化手段可以很好地弥补数据分析过程中只对数据本身进行观察难以得到直观结果的缺点。对数据进行可视化处理是关联性分析方法中比较直观的一种，其中，绘制图表是较为典型的可视化方法，通常使用折线图来观察数据的趋势以及数据间趋势是否有联系，使用相关图对数据之间相关关系的形式、方向和密切程度进行大致的判断。

1）折线图（Line Chart）：折线图是将分布在二维坐标系中的数据点使用线段连接起来而形成的图形。折线图能够将数据的增减方向、速率、峰值、规律（周期性、螺旋性）等特征都清晰地展现出来。尤其是对于在时间维度上连续变化的数据，折线图能完全发挥出清晰直观的优点，展现数据随时间的变化趋势。因此折线图经常被用于分析数据随着时间变化的趋势，或者分析多组数据随着时间变化的相互作用及影响。

2）相关图（Scatter Diagram）：相关图又称散步图或散点图，对于相关关系的研究有巨大的辅助作用。在相关图中，坐标系的横坐标通常代表变量 X，纵坐标代表变量 Y，将两个变量相对应的变量值在坐标系中用坐标点描绘出来，用来反映变量 X 与变量 Y 之间的相关关系。变量间的相关关系大致有六种，分别是正强相关、负强相关、正弱相关、负弱相关、曲线相关和不相关。从图形中各个点的分散程度可判断两个变量间相关关系的密切程度。

（2）协方差（Covariance）。协方差是用来衡量两个变量间总体误差的统计指标。对于变量 X 与变量 Y 来说，如果 X 随着 Y 的增大而增大或随着 Y 的减小而减小，两者间者表现出相同的变化趋势，那么它们之间的协方差为正数，表明它们的关系为正相关；反之，如果 X 和 Y 两者间表现出相反的变化趋势，那么它们之间的协方差为负数，表明它们的关系为负相关；如果 X 和 Y 相互独立，那么它们之间的协方差为零，表明它们不相关。

协方差可以判断变量间的相关性类型，但不能衡量相关性强弱。在面对多组变量的协方差时，协方差的数值无法说明哪一组变量的相关性最强。要衡量变量之间的相关性强弱，可通过计算相关系数来完成。

（3）相关系数（Correlation Coefficient）。相关系数是用来衡量两个变量之间相关性强弱的统计指标。对于变量 X 与变量 Y 来说，它们之间的相关系数取值在 [–1,1] 之间。相关系数越趋近于 0，表示变量 X 与 Y 的相关性越弱，反之则越强。当相关系数等于 1 时，表示变量 X 与 Y 是完全正线性相关的；当相关系数等于 –1 时，表示 X 与 Y 是完全负线性相关的；当相关系数等于 0 时，表示 X 与 Y 是完全独立的，不具有相关关系。

在进行举例说明前，需要先了解以下三个名词。

● 频繁项集（Frequent Item Sets）：频繁同时出现的物品的集合。

● 关联分析（Association Analysis）：在大规模数据集中寻找特定关系。

● 关联规则（Association Rules）：表示两物品之间可能存在的很强的关系。

例如，超市中的商品有果汁、牛奶、啤酒和尿布，每笔交易以及顾客所买的商品见表 4-2。

表 4-2 每笔交易以及顾客所买的商品

交易号码	商品
001	牛奶、果汁
002	尿布、啤酒
003	果汁、牛奶、尿布、啤酒
004	果汁、牛奶、啤酒
005	尿布、啤酒

由此可见，总记录数为 5，下面求每项集的支持度（以下并没有列出全部的支持度）：

{牛奶}：支持度为 3/5；

{果汁}：支持度为 3/5；

{尿布}：支持度为 3/5；

{啤酒}：支持度为 4/5；

{啤酒，尿布}：支持度为 3/5；

{果汁，牛奶，啤酒}：支持度为 2/5。

置信度（Confidence）：出现某些物品时，另外一些物品必定出现的概率，针对规则而言。

● 规则 1：{尿布} → {啤酒}，表示在出现尿布的时候，同时出现啤酒的概率。该条规则的置信度被定义为：支持度 {尿布，啤酒} / 支持度 {尿布}=(3/5)/(3/5)=3/3=1

● 规则 2：{啤酒} → {尿布}，表示在出现啤酒的时候，同时出现尿布的概率。该条规则的置信度被定义为：支持度 {尿布，啤酒} / 支持度 {啤酒}=(3/5)/(4/5)=3/4

关联分析具有以下步骤：

第一，发现频繁项集。即计算所有可能组合数的支持度，找出不少于人为设定的最小支持度的集合。

第二，发现关联规则。即计算不小于人为设定的最小支持度的集合的置信度，找到不小于人为设定的最小置信度规则。

例如，超市中的商品有牛奶、果汁、尿布和啤酒，对商品进行编号：牛奶 0，果汁 1，尿布 2，啤酒 3。商品编号列表见表 4-3。

表 4-3　商品编号列表

交易号码	商品	编码
001	牛奶、果汁	0，1
002	尿布、啤酒	2，3
003	果汁、牛奶、尿布、啤酒	0，1，2，3
004	果汁、牛奶、啤酒	0，1，3
005	尿布、啤酒	2，3

可能集合数共有 15 种，如图 4-3 所示。

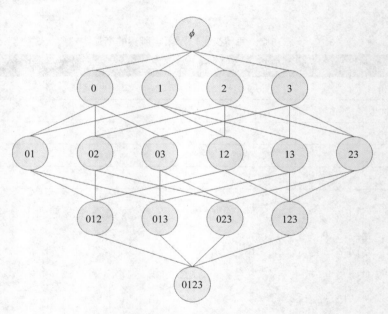

图 4-3　可能集合数

步骤一：发现频繁项集。组合与支持度见表 4-4。

表 4-4　组合与支持度列表

组合	支持度
0	3/5
1	3/5
2	3/5
3	4/5

组合	支持度
01	3/5
02	1/5
03	2/5
12	1/5
13	2/5
23	3/5
012	1/5
013	2/5
023	1/5
123	1/5
0123	1/5

此时，人为设定最小支持度为 2/5。支持度大于等于 2/5（标记）的集合见表 4-5。

表 4-5　支持度大于等于 2/5（标记）的集合

组合	支持度
0	3/5
1	3/5
2	3/5
3	4/5
01	3/5
02	1/5
03	2/5
12	1/5
13	2/5
23	3/5
012	1/5
013	2/5
023	1/5
123	1/5
0123	1/5

由此找到频繁项集。

步骤二：发现关联规则，如图 4-4 所示。

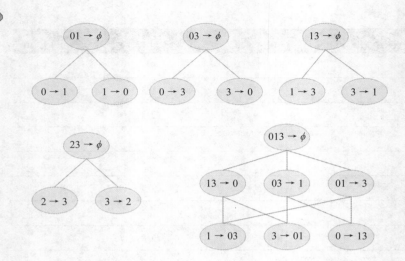

组合	支持度	规则
0	3/5	-
1	3/5	-
2	3/5	-
3	4/5	-
01	3/5	2 条
03	2/5	2 条
13	2/5	2 条
23	3/5	2 条
013	2/5	6 条
最小置信度：3/4		

图 4-4 关联规则图

此时，人为设定最小置信度为 3/4。如图 4-5 所示，浅色的为大于等于 3/4，深色的为小于 3/4。

规则 1：{0} → {1} 支持度 ({01})/ 支持度 ({0})=(3/5)/(3/5)=1
规则 2：{1} → {0} 支持度 ({01})/ 支持度 ({1})=(3/5)/(3/5)=1
规则 3：{0} → {3} 支持度 ({03})/ 支持度 ({0})=(2/5)/(3/5)=2/3
规则 4：{3} → {0} 支持度 ({03})/ 支持度 ({3})=(2/5)/(4/5)=1/2
规则 5：{1} → {3} 支持度 ({13})/ 支持度 ({1})=(2/5)/(3/5)=2/3
规则 6：{3} → {1} 支持度 ({13})/ 支持度 ({3})=(2/5)/(4/5)=1/2
规则 7：{2} → {3} 支持度 ({23})/ 支持度 ({2})=(3/5)/(3/5)=1
规则 8：{3} → {2} 支持度 ({23})/ 支持度 ({3})=(3/5)/(4/5)=3/4
规则 9：{13} → {0} 支持度 ({013})/ 支持度 ({13})=(2/5)/(2/5)=1
规则 10：{03} → {1} 支持度 ({013})/ 支持度 ({03})=(2/5)/(2/5)=1
规则 11：{01} → {3} 支持度 ({013})/ 支持度 ({01})=(2/5)/(3/5)=2/3

图 4-5 最小置信度规则图

发现关联规则，如图 4-6 所示。

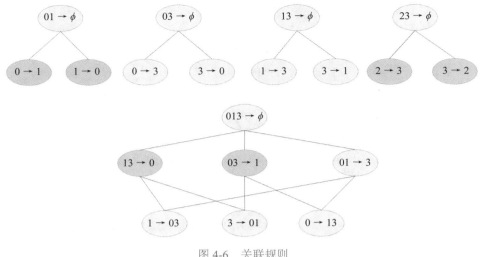

图 4-6　关联规则

支持度（Support）：数据集中包含该项集的记录所占的比例，是针对项集来说的。

可以用"频繁项集"与"关联规则"的形式来表示大量数据中隐藏的关系。"规则：{ 尿布 } → { 啤酒 }"说明两者之间有很强的关系，购买尿布的消费者通常会购买啤酒。

关联分析除了应用在市场篮子数据中，也可以应用在其他领域，比如生物信息学、医疗诊断、网络挖掘和科学数据分析。

4.3.4　回归分析

弗朗西斯·高尔顿最著名的发现之一是子辈的平均身高是其父辈平均身高和他们所处族群平均身高的加权平均和。高尔顿把这一现象写到了他写于 1886 年的论文 *Regression towards Mediocrity in Hereditary Stature* 中。这篇论文被发表在大不列颠以及爱尔兰人类研究学院期刊上。我们现今把论文中的这种"回归"现象称为均值回归。

回归分析是研究自变量（预测器）与因变量（目标）之间的关系的一种预测性建模技术。这种技术通常用于时间序列模型、预测分析及发现变量之间的因果关系。例如，研究司机的不合规驾驶与道路交通事故数量之间的关系，使用回归分析研究是最好的选择。

回归分析是建模和分析数据的重要工具。在这里，我们使用曲线或线来拟合这些数据点，在这种方式下，从曲线或线到数据点的距离差异最小。

回归分析与相关分析的关系非常紧密，且两者之间互补。回归分析应该建立在相关分析之上，相关分析则需要回归分析来表明现象数量关系的具体形式。

相关分析与回归分析均为研究两个或多个变量间关联性的数理统计方法，但两种方法存在本质的差别，即它们用于不同的研究目的。相关分析的目的在于检验两个随机变量的共变趋势（即共同变化的程度），回归分析的目的则在于试图用自变量来预测因变量的值。二者之间主要区别有两方面。第一，在相关分析中，变量间的地位是完全平等的，没有自变量与因变量之分，而且两个变量必须同时都是随机变量，如果其中的一个变量不是随机变量，就不能进行相关分析，但在回归分析中，自变量与因变量需要根据变量的地位和作用的不同做出区分，因变量需要放在被解释的特殊地位，因变量肯定为随机变量，而自变量可以是普通变量（有确定的取值），也可以是随机变量。第二，相关分析只限于描述变量间相互依存关系的密切程度，无法反映相关变量之间的定量联系关系，而回归分析不仅可以定量揭示自变量对因变量的影响大小，还可以通过回归方程对变量值进行预测和控制。

在统计学教材中习惯把相关分析与回归分析分开论述，但在实际应用中，当两变量都是随机变量时，常需同时给出这两种方法分析的结果。

若自变量为普通变量，则采用最常见的回归方法——最小二乘法（模型 I 回归分析）。若自变量是随机变量，则需要根据计算的目的选择方法（模型 II 回归分析）。在以预测为目的的情况下，仍采用最小二乘法，但因为最小二乘法是专为模型 I 所设计的，未考虑自变量的随机误差，因此会导致精度下降；在以估值（如计算可决系数、回归系数等）为目的的情况下，应使用相对严谨的主轴法、约化主轴法或 Bartlett 法。对于模型 II 回归分析，若以预测为目的，最好不提"相关性"问题，因为在模型 II 回归分析中，虽然两个随机变量客观上存在"相关性"问题，但是回归分析方法本身并不能提供针对两个变量之间相关关系的检验手段。若以探索两者的"共变趋势"为目的，应改用相关分析。如果采用模型 I 回归分析，由于普通变量与随机变量之间不存在"相关性"这一概念，因此更不可能回答变量的"相关性"问题。此时，即使想描述两个变量间的"共变趋势"而改用相关分析，也会因相关分析的前提不存在而使分析结果毫无意义。

需要特别指出的是，回归分析中的 R^2 在数学上恰好是皮尔逊积矩相关系数 r 的平方。这很容易导致读者们误认为 R^2 就是相关系数或相关系数的平方。

下面举一个简单的例子来理解我们为什么使用回归分析。

比如你需要在当前的经济条件下，对某公司的销售额增长情况进行估算。如果给你的一份公司最新数据中，显示销售额增长约为经济增长的 2.5 倍，那么就可以使用回归分析，根据当前及过去的信息来预测公司未来的销售情况。

使用回归分析有很多好处，比如它表明自变量和因变量之间的显著关系、表明多个自变量对一个因变量的影响强度。

利用回归分析也能帮助我们衡量不同尺度的变量之间的相互影响，例如，价格变动与促销活动数量之间联系。这样的分析有助于市场研究人员、数据分析人员以及数据科学家排除并估计出一组最佳的变量，用来构建预测模型。

分类的方法：逻辑回归是一种常用的分类方法，非常成熟，应用非常广泛，回归不只可以用于分类，也能用于发现变量间的因果关系，最主要的回归模型有多元线性回归和逻辑回归。有些时候逻辑回归不被当作典型的数据挖掘算法。

逻辑回归的步骤：先训练，目的是找到分类效果最佳的回归系数；然后使用训练得到的一组回归系数，对输入的数据进行计算，判定它们所属的类别。

逻辑回归模型的检验如下所述。

由于希望模型中的输入变量与目标变量之间的关系足够强，为此需要做两个诊断。第一，对模型整体的检验——R^2，即全部输入变量能够解释目标变量变异性的百分比。R^2 越大，说明模型拟合得越好；如果 R^2 太小，则模型不可用于预测。第二，回归系数的显著性（p-value），如果某个输入变量对目标变量的作用 p-value 小于 0.05，则可以认为该输入变量具有显著作用；对不显著的输入变量可以考虑从模型中去掉。

回归技术主要有三个度量，分别是自变量的个数、因变量的类型以及回归线的形状。

以线性回归为例进行探讨。

线性回归通常是人们在学习预测模型时首选的技术之一。在这种技术中，因变量是连续的，自变量可以是连续的也可以是离散的，回归线的性质是线性的。线性回归使用最佳的拟合直线（也就是回归线）在因变量 Y 和一个或多个自变量 X 之间建立一种关系。

用一个方程式来表示它，即 $Y=a+bX+e$，其中 a 表示截距，b 表示直线的斜率，e 是误差项。这个方程可以根据给定的预测变量来预测目标变量的值。

一元线性回归和多元线性回归的区别在于，多元线性回归有 1 个以上的自变量，而一元线性回归通常只有 1 个自变量。现在的问题是如何得到一个最佳的拟合线。

这个问题可以使用最小二乘法轻松地完成。最小二乘法也是用于拟合回归线最常用的方法。对于观测数据，它通过最小化每个数据点到线的垂直偏差平方和来计算最佳拟合线。因为在相加时，偏差先平方，所以正值和负值没有抵消。

注意：自变量与因变量之间必须有线性关系，多元回归存在多重共线性、自相关性和异方差性。线性回归对异常值非常敏感。它会严重影响回归线，最终影响预测值。多重共线性会增加系数估计值的方差，使得在模型轻微变化时，估计非常敏感。结果就是系数估计值不稳定，在多个自变量的情况下，可以使用向前选择法、向后剔除法和逐步筛选法来选择最重要的自变量。

4.3.5　聚类分析

聚类原本是统计学上的概念，现如今把它划入了机器学习的非监督学习范畴。这一概念通常在数据挖掘或数据分析领域中应用较多，可以用一个词语来概括这一概念——物以类聚。

如果把人和其他动物放在一起比较，我们可以轻松地根据一些判断特征（如毛发、肢体、嘴巴、耳朵）来区分出人类、小猫类、小狗类等，这就是聚类。

聚类从定义上理解，就是针对大量数据或样品的既有特性来研究分类方法，并按照得出的分类方法对数据进行合理分类，最终将相似数据分为一组，也就是"同类相同、异类相异"。不少初学者会误认为聚类就是分类，事实上，聚类与分类在严格意义上并不是相同的，而是存在着巨大的差异的。

分类是按照已定的程序模式和标准对数据或集合进行判断划分，比如我们提到的动物分类的例子，我们会按照已经存在的对不同种类猫的描述对狸花猫与蓝猫进行区分。也就是说，在进行分类之前，我们事先已经有了一套划分标准，只需要严格按照标准进行分组就可以了。

而聚类则不同，我们事先并不知道具体的划分标准，需要依靠算法对数据之间的相似性进行判断，把相似的数据放在一起，也就是说，探索与挖掘数据中的潜在差异和联系才是聚类最关键的工作。而在知道聚类的结论之前，我们完全不知道各个分类有什么特性，必须通过人的经验根据聚类的结果来分析，才能明确聚成的这一类具有哪些特性。

我们又是如何对数据进行聚类的呢？聚类方法有很多，数据分析中最常用的就是 K-Means 聚类法。这种方法简单有效，在很多分析软件上都能进行算法计算。

下面举例来介绍 K-Means 聚类法的原理和过程。

K-Means 算法的思想就是按照样本之间距离的大小，对给定的样本集进行划分，并且分为 K 簇。簇内的点应尽量紧密相连，而簇间的距离应尽量大。

对于 K-Means 算法，首先要注意的是 k 值的选择。我们通常会根据对数据的先验经验选择一个合适的 k 值，如果先验知识不足，则可以通过交叉验证选择一个合适的 k 值。

在确定了 k 的个数后，我们需要选择 k 个初始化的质心。由于是启发式方法，最后的聚类结果和运行时间受 k 个初始化质心的位置选择影响较大，因此需要选择合适的 k 个质心，并且这些质心不能太近。

传统的 *K*-Means 算法流程：

输入是样本集 $D=\{x1,\ x2,\ \cdots,\ xm\}$，聚类的簇数为 k，最大迭代次数为 N。

输出是簇划分 $C=\{C1,\ C2,\ \cdots,\ Ck\}$。

那我们又是如何将聚类应用在实际当中的呢？面对大量数据的时候我们又该如何解决呢？

在现实生活中，许多我们常见的分析软件都具有聚类分析的功能，如 Python、Excel、FineBI 等。比如 FineBI 中的聚类功能，可以快速计算聚类结果。在实际分析过程中，还要注意单位换算问题，要确保这些数据的独立性和统一性，否则得出的结果没有任何的实际意义。

K-Means 是一个聚类算法，是无监督学习，生成指定 K 个类，把每个对象分配给距离最近的聚类中心。原理是随机选取 K 个点为分类中心点。将每个点分配到最近的类，这样形成了 K 个类。重新计算每个类的中心点。比如都属于同一个类别里面有 10 个点，那么新的中心点就是这 10 个点的中心点，一种简单的方式就是取平均值。比如，大家随机选 K 个老大，谁离得近，就是那个队列的人（计算距离，距离近的人聚合在一起），随着时间的推移，老大的位置在变化（根据算法，重新计算中心点），直到选出真正的中心老大（重复，直到准确率最高）。

4.3.6　*k*-近邻分类算法

k-近邻（*k*-Nearest Neighbour，KNN）分类算法的工作原理是给定一个已知标签类别的训练数据集，输入没有标签的新数据后，在训练数据集中找到与新数据最近的 k 个实例，如果这 k 个实例的多数属于某个类别，那么新数据就属于这个类别。即由那些离新数据最近的 k 个实例来投票决定新数据归为哪一类。

k-近邻分类算法是数据挖掘分类技术中最简单的算法之一，其指导思想是"近朱者赤，近墨者黑"，即由你的邻居来推断出你的类别。如图 4-7 所示，有三种颜色的豆类，分别是黑豆、绿豆和红豆。那么图中标注出来的几个豆子可能属于什么豆类呢？我们根据物理举例推测，未知豆类距离哪一种豆类最近，那么它大概率就属于哪一类。

图 4-7　用 KNN 理论区分豆子类别

KNN 算法的流程是计算已知类别数据集中的点与当前点之间的距离，按照距离递增次序排序，选取与当前点距离最小的 k 个点，确定前 k 个点所在类别的出现频率，返回前 k 个点出现频率最高的类别作为当前点的预测类别。

最初的近邻算法由 T.Cover 和 P.Hart 在 1968 年提出。KNN 是一种分类算法，它是基于实例的学习，属于懒惰学习，即 KNN 没有显式的学习过程，这就表明没有训练阶段，数据集在开始前已经存在特征值与分类，待收到新样本后直接进行处理，与急切学习相对应。

k 值的选取非常重要，如果 k 的取值过小，存在噪声成分将会影响预测。例如取 k 值为 1 时，一旦最近的一个点是噪声，那么就会出现偏差。k 值的减小就意味着整体模型变得复杂，容易发生过度拟合。如果 k 的取值过大，那么与输入目标点较远的实例也可能会对预测产生影响。因为过大的 k 值，就相当于用较大邻域中的训练实例进行预测，学习的近似误差就会增大，使预测发生错误。k 值的增大意味着整体的模型变得简单。如果 $k=N$，那么就是取全部的实例，即为取实例中某分类下最多的点，这对于预测并没有实际意义。

k 的取值应尽量选择奇数，我们需要确保计算结果最后会产生一个较多的类别，如果取偶数则可能会产生相等的情况，不利于预测。

最常用的 k 值取法是从 $k=1$ 开始，使用检验集估计分类器的误差率，重复此过程，每次 k 值加 1，允许增加一个邻近，最后选取产生误差率最小的 k 作为 k 值。一般 k 的取值不超过 20，上限是 n 的开方，随着数据集的增大，k 的值也要增大。

KNN 算法是最简单有效且容易实现的分类算法。但是当训练数据集很大时，需要大量的存储空间，而且需要计算待测样本与训练数据集中所有样本的距离，会非常耗时。

KNN 算法对类内间距小、类间间距大的数据集的分类效果比对随机分布的数据集的分类效果好，对于边界不规则数据的分类效果也比线性分类器的分类效果好。

KNN 算法对于样本不均衡的数据的分类效果并不理想，需要进行改进。改进的方法是对 k 个近邻数据赋予权重，比如距离测试样本越近，权重越大。

KNN 算法耗时较长，时间复杂度为 $O(n)$，一般适用于样本数较少的数据集，当数据量大时，可以将数据以树的形式呈现，能提高速度，常用的有 kd-tree 和 ball-tree。

4.4　数据挖掘与分析案例分析

根据算法的步骤，进行 KNN 的实现，完整代码如下：

```python
#!/usr/bin/env python
# -*- coding:utf-8 -*-
# Author: JYRoooy
import csv
import random
import math
import operator
# 加载数据集
def loadDataset(filename, split, trainingSet = [], testSet = []):
    with open(filename, 'r') as csvfile:
        lines = csv.reader(csvfile)
        dataset = list(lines)
        for x in range(len(dataset)-1):
            for y in range(4):
                dataset[x][y] = float(dataset[x][y])
```

```
            if random.random() < split:        # 将数据集随机划分
                trainingSet.append(dataset[x])
            else:
                testSet.append(dataset[x])
# 计算点之间的距离，多维度的
def euclideanDistance(instance1, instance2, length):
    distance = 0
    for x in range(length):
        distance += pow((instance1[x]-instance2[x]), 2)
    return math.sqrt(distance)
# 获取 k 个邻居
def getNeighbors(trainingSet, testInstance, k):
    distances = []
    length = len(testInstance)-1
    for x in range(len(trainingSet)):
        dist = euclideanDistance(testInstance, trainingSet[x], length)
        distances.append((trainingSet[x], dist))        # 获取到测试点到其他点的距离
    distances.sort(key=operator.itemgetter(1))          # 对所有的距离进行排序
    neighbors = []
    for x in range(k):   # 获取到距离最近的 k 个点
        neighbors.append(distances[x][0])
    return neighbors
# 得到这 k 个邻居的分类中最多的那一类
def getResponse(neighbors):
    classVotes = {}
    for x in range(len(neighbors)):
        response = neighbors[x][-1]
        if response in classVotes:
            classVotes[response] += 1
        else:
            classVotes[response] = 1
    sortedVotes = sorted(classVotes.items(), key=operator.itemgetter(1), reverse=True)
    return sortedVotes[0][0]        # 获取到票数最多的类别
# 计算预测的准确率
def getAccuracy(testSet, predictions):
    correct = 0
    for x in range(len(testSet)):
        if testSet[x][-1] == predictions[x]:
            correct += 1
    return (correct/float(len(testSet)))*100.0
def main():
    #prepare data
    trainingSet = []
    testSet = []
    split = 0.67
    loadDataset(r'irisdata.txt', split, trainingSet, testSet)
    print('Trainset: ' + repr(len(trainingSet)))
    print('Testset: ' + repr(len(testSet)))
    #generate predictions
    predictions = []
    k = 3
    for x in range(len(testSet)):
```

```
                # trainingsettrainingSet[x]
                neighbors = getNeighbors(trainingSet, testSet[x], k)
                result = getResponse(neighbors)
                predictions.append(result)
                print ('predicted=' + repr(result) + ', actual=' + repr(testSet[x][-1]))
        print('predictions: ' + repr(predictions))
        accuracy = getAccuracy(testSet, predictions)
        print('Accuracy: ' + repr(accuracy) + '%')
if __name__ == '__main__':
    main()
```

```
#我们利用了 sklearn 库来进行了 KNN 的应用。sklearn 库内的算法与自己编写的代码相比功能更强大，
# 拓展性更优异，易用性也更强，还是很受欢迎的
from sklearn import neighbors        # 包含 KNN 算法的模块
from sklearn import datasets         # 一些数据集的模块
# 调用 KNN 的分类器
knn = neighbors.KNeighborsClassifier()
# 预测花瓣代码
from sklearn import neighbors
from sklearn import datasets
knn = neighbors.KNeighborsClassifier()
iris = datasets.load_iris()
# f = open("iris.data.csv", 'wb')    # 可以保存数据
# f.write(str(iris))
# f.close()
print iris
knn.fit(iris.data,iris.target)       # 用 KNN 的分类器进行建模，这里利用的默认的参数，大家可以
                                     # 自行查阅文档
predictedLabel = knn.predict([[0.1, 0.2, 0.3, 0.4]])
print ("predictedLabel is :" + predictedLabel)
```

上面的例子是只预测了一个，也可以进行数据集的拆分，将数据集划分为训练集和测试集。

```
from sklearn.mode_selection import train_test_split    # 引入数据集拆分的模块
X_train, X_test, y_train, y_test = train_test_split(X, y, test_size=0.3, random_state=42)
```

关于 train_test_split 函数参数的说明：

- train_data：被划分的样本特征集。
- train_target：被划分的样本标签。
- test_size：获得多大比重的测试样本，默认值为 0.25。
- int -：获得多少个测试样本。
- random_state：是随机数的种子。

练习 4

1. 数据分析的原则有哪些？
2. 数据预处理的步骤是怎样的？
3. 数据建模的分类有哪些？
4. 请编程实现 4.5 的训练。

第 5 章　数据可视化技术

本章导读

　　数据可视化是一项科学技术研究，研究点集中在数据的视觉表现形式方面。数据的视觉表现形式被定义为一种以某种概要形式提取出来的信息，包括相应信息单位的各类变量和属性。数据可视化这一概念正在不断演变，它的边界也在不断地向外延伸。它主要是指相对较为高级的技术方法，这些技术方法可以利用计算机视觉、图像处理及用户界面，通过表达、建模以及对表面、属性或动画的显示等，对数据加以可视化解释。与特殊技术方法（如立体建模）相比，数据可视化所涵盖的技术方法要广泛得多。数据可视化技术主要运用于报表与 BI 领域。

本章要点

- 数据可视化概述
- 数据可视化的作用
- 数据可视化的分类

5.1　数据可视化概述

　　数据可视化主要是利用图形化手段将数据信息清晰有效地进行传达与沟通。但数据可视化并不会一味地追求功能用途的实现而令人感到枯燥乏味，也不会为了图像绚丽多彩而将它过度复杂化。为了有效地传达思想概念，美学形式与功能需要齐头并进，共同通过直观表达关键方面或特征来实现对于相当稀疏而又复杂的数据集的深入洞察。然而，若设计人员不能很好地平衡功能与设计，所创造出的数据可视化形式就会华而不实，则无法达到传达与沟通信息的主要目的。

　　数据可视化与信息图形、科学可视化、信息可视化以及统计图形密切相关。当前，数据可视化在教学、研究及开发等领域都是一个极为活跃且关键的方面。"数据可视化"这条术语统一了年轻的信息可视化领域与成熟的科学可视化领域。

　　数据可视化技术包含以下几个基本概念：

　　（1）数据分析：对多维数据进行切片、切块或旋转等数据剖析动作，从而能多角度、多侧面观察数据。

　　（2）数据空间：由 n 维属性和 m 个元素组成的数据集所构成的多维信息空间。

　　（3）数据开发：指利用特定的算法或工具对数据进行定量的计算与推演。

（4）数据可视化：指以图形图像的形式将大型数据集中的数据展现出来，并利用数据分析与开发工具发现其中未知信息的处理过程。

数据可视化已经提出了许多方法，这些方法根据其不同的可视化原理可以划分为多种类型，包括基于图标的技术、基于几何的技术、基于层次的技术、面向像素技术、基于图像的技术等。

5.2 数据可视化的作用

数据可视化存在的意义就是帮助人们更好地分析数据，它对数据中所包含的意义进行分析，使分析结果可视化。数据可视化在本质上就是视觉对话，它将技术与艺术完美结合，借助图形化的手段，清晰有效地传达与沟通信息。数据与可视化之间相辅相成，数据赋予可视化价值，可视化增加数据的灵性，两者共同帮助企业从信息中提取知识并收获价值。

人的大脑对视觉信息的处理速度是对书面信息处理速度的十几倍。用图表来总结复杂的数据，可以确保更快地理解复杂的关系。在可视化的分析下，多维数据将每一维的值进行分类、排序、组合与显示，能够帮助我们更清晰地看到表示对象或事件的数据的多个属性或变量。我们能够在数据可视化报告中使用一些简单清晰但丰富的图形将复杂的数据信息展现出来。丰富且有意义的图形有助于让忙碌的主管或是业务伙伴快速了解问题。

实际上，人的大脑与计算机一样有长期记忆与短期记忆，如果一幅图形多次重复出现在短期记忆中，那么这个信息就有可能变成我们的长期记忆。

5.3 数据可视化的分类

数据可视化按照不同的分类方式可以分为不同的类型。

（1）按照数据可视化受益者的不同，可分为商业数据可视化和个人数据可视化。

1）商业数据可视化。商业数据可视化，也就是人们口中的 BI（商业智能）。它借助可视化工具（如 DataFocus），将企业数据进行分析和展现，形成一套方案。主要对接的是企业内部的数据。

2）个人数据可视化。个人的数据可视化相对来说更加丰富，包括在网络上爬取得到的数据、通过分发问卷得出的统计数据等，将这些数据进行分析，主要可以通过编写一些代码得出。

（2）按照分析的数据不同对可视化进行划分，可分为关系数据可视化、统计数据可视化、时间序列数据可视化、地理空间数据可视化以及文本数据可视化。

1）关系数据可视化。数据前后之间存在一定的关系,可能是类似于点和线之间的关系,主要是变为流程图或漏斗图等。

2）统计数据可视化。统计数据可视化是指对统计数据进行分析展现。统计数据一般都存放于数据库中，以表达形式进行存储。分析统计数据也就是分析这些数据库表格，较为常见的可视化类库有 ECharts 等。

3）时间序列数据可视化。时间序列数据可视化最为常见，因为一般的数据记录都是以时间为单位的。分析结果是有关时间趋势变动的，就可以归为时间序列数据可视化。

4）地理空间数据可视化。此类数据中通常包含城市、省份、经纬度等信息，可以结合中国地图或世界地图进行展示。

5）文本数据可视化。数据中大部分的内容是文本，例如，曾经有人将倚天屠龙记的文字进行分析，统计各个女主角名字出现的次数，探讨张无忌到底喜欢谁。

5.4　数据可视化的发展历史

数据可视化领域的起源，可以追溯到计算机图形学的早期（20世纪50年代），当时人们利用计算机创建出了首批图形图表。

1987年，由Bruce H. McCormick、Thomas A. DeFanti和Maxine D.Brown所编写的美国国家科学基金会报告 *Visualization in Scientific Computing*（译为《科学计算之中的可视化》）大幅度地促进和刺激了数据可视化领域。这份报告之中强调了新的基于计算机的可视化技术方法的必要性。随着计算机运算能力的迅速提升，人们建立的数值模型规模越来越大且复杂程度也越来越高，造就了各种各样体积庞大的数值型数据集。同时，人们利用显微镜和医学扫描仪等数据采集设备产生庞大的数据集，还利用可以保存数值、文本及多媒体信息的大型数据库来收集数据。因此，人们需要更高级的计算机图形学技术与方法来处理这些规模庞大的数据集，将其可视化。

随着可视化的不断发展，也尤为关注数据，包括那些来自商业、行政管理、数字媒体等方面的大型异质性数据集合。

20世纪90年代初期，人们发起了一个新的研究领域，称为"信息可视化"。信息可视化支持多种应用领域进行针对抽象异质性数据的分析工作。因此，21世纪人们正在逐渐接受这个同时涵盖科学可视化与信息可视化领域的新生术语"数据可视化"。

5.5　数据可视化发展方向与挑战

随着数据可视化的不断发展，数据大屏可视化展示技术成为一个热门的话题，极大地引起了人们的关注。大屏可视化系统在未来将会如何发展呢？下面将简单描述大数据可视化技术现状以及发展方向。

数据可视化，旨在使数据以更加直观的方式被呈现出来，方便读者进一步发现数据中隐藏的信息。数据可视化有着十分广泛的应用领域，主要包括交通数据可视化、网络数据可视化、数据挖掘可视化、文本数据可视化、社交可视化、生物医药可视化等。虽然可视化展示技术不断增强且趋于成熟，但是数据可视化仍然存在需要不断改进的问题和面临着巨大的挑战。存在的问题主要有以下四个方面：

（1）信息丢失。虽然减少可视数据集的方法可行，但会导致信息的丢失。

（2）视觉噪声。在数据集中，大部分具有极强相关性的数据无法被分离为独立的对象显示。

（3）高速图像变换。用户虽然能够观察数据，却不能对数据强度变化做出反应。

（4）大型图像感知。数据可视化不单单受限于设备的长度比及分辨率，也受限于现实世界的感受。

而关于大数据可视化面临的挑战，中琛魔方大数据分析平台表示在灯光可视化超大规模的大屏可视化系统数据分析中，我们可以构建更大、更清晰的视觉显示设备，是人类的敏锐度制约了大屏幕显示的有效性。

5.6　数据可视化的流程与原则

常见的数据可视化工具包括 Python、Excel、Tableau、PowerBI 和 R。

在进行可视化之前，需要先进行探索性分析与解释性分析，但二者之间有很重要的区别。探索性分析指理解数据并找出值得分析或分享给他人的精华。例如，在牡蛎中寻找珍珠，在尝试多种方法打开一百多个牡蛎后最终只收获了两颗珍珠。而解释性分析则迫切希望能够言之有物，讲好某个故事，即专注于两颗珍珠。而在实际工作当中，我们的汇报工作主要就是做好解释性分析。

完整的数据可视化过程主要有以下四个步骤：

（1）确定数据可视化的主题。

（2）提炼可视化主题的数据。

（3）根据数据关系确定图表。

（4）进行可视化布局及设计。

可视化元素有三个部分，包括可视化空间、标记和视觉通道。

1. 可视化空间

数据可视化的显示空间，通常是二维的。通过图形绘制技术可以解决三维物体在二维平面显示的可视化问题，如 3D 环形图、3D 地图等。

2. 标记

标记是数据属性到可视化几何图形元素的映射，用来代表数据属性的归类。根据空间自由度的差别，标记可以分为点、线、面、体，分别具有零自由度、一维自由度、二维自由度、三维自由度。比如常见的散点图、折线图、矩形树图、三维柱状图，分别采用了点、线、面、体这四种不同类型的标记。

3. 视觉通道

视觉通道是数据属性的值到标记的视觉呈现参数的映射，通常用于展示数据属性的定量信息。常用的视觉通道包括标记的位置、大小（长度、面积、体积等）、形状（三角形、圆、立方体等）、方向、颜色（色调、饱和度、亮度、透明度等）等。

可采用的图表类型由数据之间的相互关系决定。使用表格时需要牢记，让设计融入背景，让数据占据核心地位。受众的注意力不能被厚重的边框或阴影所占据，要使用空格来区分表格中的元素。

可视化数据分析作为企业大数据中隐藏商业价值、提供决策依据的重要方向，越来越被各个企业所重视。可视化数据分析的过程也就是数据可视化的过程，数据可视化可以把隐藏的或无法直观显示的数据映射为清晰的符号、图表、纹理、颜色等，大大提高了数据识别以及有价值信息传递的效率。

市面上有许多简单便捷的数据可视化工具，不需要复杂的操作，即便如此，我们依然要对进行数据可视化的步骤和流程有所了解，以作为我们自己进行数据可视化的方法论。

在进行数据可视化时，我们可以将数据可视化过程的四个步骤（前文提及）概括为三个阶段，分别是数据准备、数据分析、分析结果应用。

（1）数据准备。在这一阶段，我们需要获取可视化过程中需要的有效数据，主要包括以下内容：

1）确定目标。进行可视化数据分析的前提是确定分析目标，因为确定分析目标是选择收集数据方式的依据，例如是通过问卷来收集数据，还是通过其他业务系统获取数据。

2）收集数据。根据分析目标，选择合适的不同数据获取方式来收集数据，比如发放调查问卷或通过业务系统接口获取数据等。

3）数据预处理。完成数据收集后，需要将无效的数据和错误的数据进行筛选、删除。

4）数据分析。完成数据预处理后，将数据导入所选择的工具中进行数据分析。这时我们选择的工具一定要能支持多种数据接入方式，这样可以方便我们分析各种来源的数据。比如 DataViz 可视化数据分析软件中支持多种数据源，这样就可以保证我们可以对多种来源数据进行分析，如图 5-1 所示。

图 5-1　DataViz 可视化数据分析软件

（2）数据分析。数据分析阶段就可以根据我们的分析目标，选择合适的图表，借助产品的多维分析能力，进行统计分析、数据透视、钻取钻透、地理分析、筛选过滤、高级计算等多种操作，实现数据的立体式呈现。

（3）分析结果应用。通过对数据分析结束后呈现的可视化结果进行观察，可以直观地发现数据中的差异，从中提取出有价值的信息，为公司决策提供依据。

5.7　大数据可视化实操

在数据科学中，进行可视化的工具多种多样。本书中，笔者展示了使用 Tableau、Python 来实现的各种可视化图表。Python 很容易就能实现可视化——只需借助可视化的两个专属库，俗称 Matplotlib 和 Seaborn。

（1）Matplotlib：基于 Python 的绘图库为 Matplotlib 提供了完整的 2D 和有限的 3D 图形支持。这对在跨平台互动环境中发布高质量图片很有用，也可用于动画。

（2）Seaborn：Seaborn 是一个 Python 中用于创建信息丰富和有吸引力的统计图形库。这个库是基于 Matplotlib 的。Seaborn 提供多种功能，如内置主题、调色板、函数和工具，来实现单因素、双因素、线性回归、数据矩阵、统计时间序列等的可视化，以进一步构建复杂的可视化。

Tableau 公司将数据运算与美观的图表完美地嫁接在一起。它的程序很容易上手，各公司可以用它将大量数据拖放到数字"画布"上，转眼间就能创建好各种图表，在数分钟内完成数据连接和可视化。Tableau 比现有的其他解决方案快 10 ～ 100 倍。无论是电子表格、数据库还是 Hadoop 和云服务，任何数据都可以轻松探索。下面以 Tableau 软件为例，进行可视化教学。

5.7.1　Tableau 安装与 ODBC 创建

1．Tableau 安装

（1）下载 Tableau Desktop 软件。Tableau 国内官方网站为 https://www.tableau.com/zh-cn/support/releases，进入官方网站后可以看到软件的各个版本，可根据需要自行选择，如图 5-2 所示。本书使用 2019.1 版本。

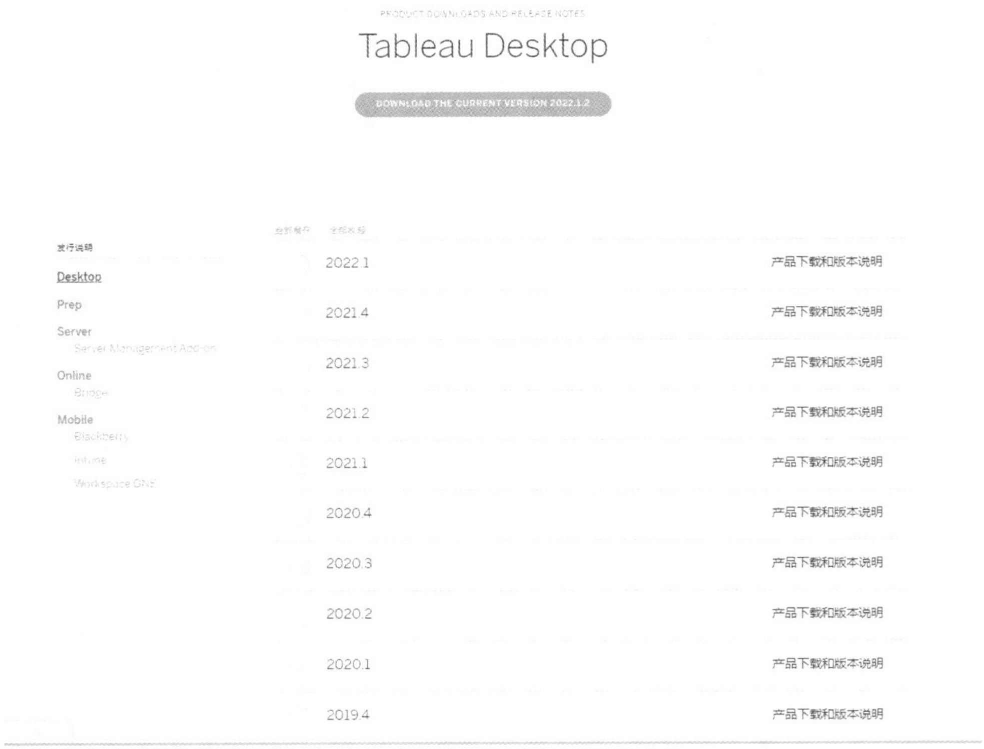

图 5-2　Tableau Desktop 官网页面

（2）安装 Tableau Desktop 软件。下载完成后，双击 .exe 文件即可进入安装界面，勾选"我已阅读并接受本许可协议中的条款"，单击"自定义"按钮选择合适的安装路径，然后单击"安装"按钮即可，如图 5-3 所示。注意，自定义安装时不勾选"检查 Tableau 产品更新"复选框，如图 5-4 所示。

图 5-3　Tableau 安装界面

图 5-4　Tableau 自定义安装界面

Tableau 安装进度界面如图 5-5 所示。

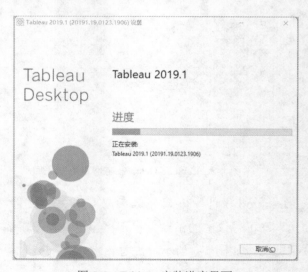

图 5-5　Tableau 安装进度界面

（3）用户注册。

1）Tableau Desktop 安装完成后会自动启动并弹出激活界面，单击"立即开始试用"，如图 5-6 所示。

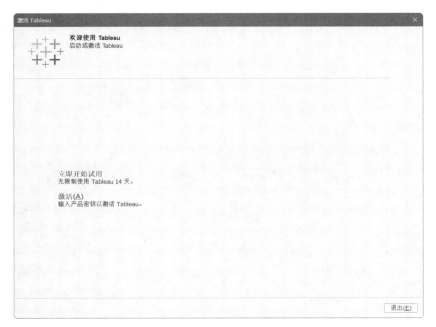

图 5-6　激活界面

2）填写信息进行注册，个人可以注册用户并申请免费试用 14 天，单击"注册"按钮，如图 5-7 所示。

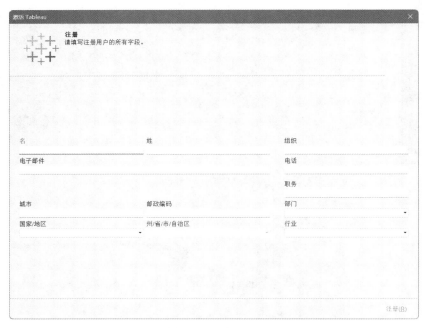

图 5-7　用户注册

3）注册完成后，单击"继续"按钮，如图 5-8 所示。

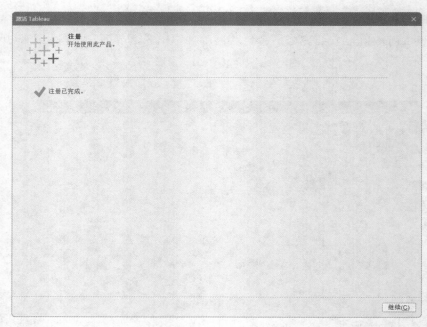

图 5-8　注册成功

4）Tableau Desktop 启动成功，进入工作簿界面，如图 5-9 所示。

图 5-9　工作簿界面

（4）Windows 11 安装 Tableau 可能遇到的问题如图 5-10 所示。

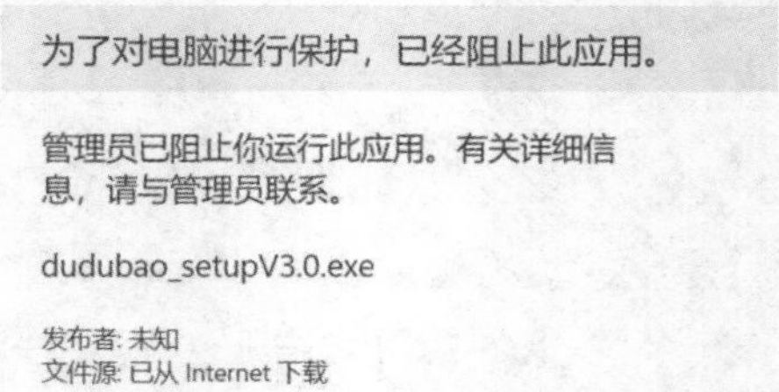

为了对电脑进行保护，已经阻止此应用。

管理员已阻止你运行此应用。有关详细信息，请与管理员联系。

dudubao_setupV3.0.exe

发布者：未知
文件源：已从 Internet 下载

图 5-10　禁止安装

1）问题原因：由于软件版本太旧，不建议再使用。

2）解决方案：使用组合键 WIN+R 打开"运行"对话框，输入 gpedit.msc，单击"确定"按钮，如图 5-11 所示。

图 5-11　输入 gpedit.msc

3）打开组策略之后依次单击"计算机配置"→"Windows 设置"→"安全设置"→"本地策略"→"安全选项"，在右侧栏找到并双击打开"用户账户控制：以管理员批准模式运行所有管理员"，如图 5-12 所示。

图 5-12　本地组策略编辑器

4）把该项设置改为"已禁用"，如图 5-13 所示。

图 5-13　设置状态

2. 创建 ODBC 数据连接

（1）ODBC 下载网址为 https://dev.mysql.com/downloads/connector/odbc/。进入官方下载页面，选择合适的版本进行下载，如图 5-14 所示。本书使用 Windows（x86，64 位）版本。

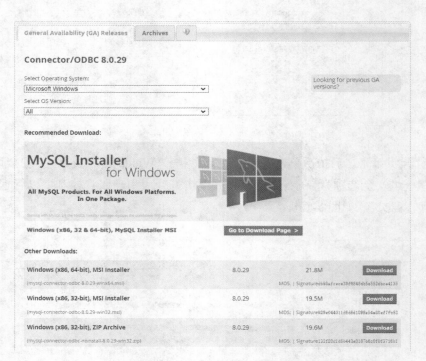

图 5-14　ODBC 下载页面

（2）打开计算机"控制面板"，单击"系统和安全"，如图 5-15 所示。

图 5-15　系统和安全界面

（3）单击"Windows 工具"后，双击"ODBC 数据源 (64 位)"，如图 5-16 所示。

图 5-16　Windows 工具界面

（4）单击右侧"添加"按钮，如图 5-17 所示。

图 5-17　"ODBC 数据源管理程序 (64 位)"对话框

（5）选择 MySQL ODBC 8.0 Unicode Driver，如图 5-18 所示。

（6）输入信息建立连接，如图 5-19 所示。

（7）连接成功，如图 5-20 所示。

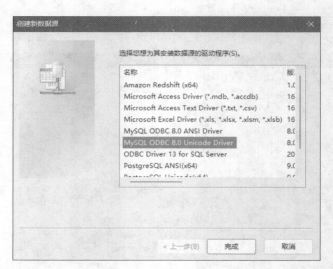

图 5-18 "创建新数据源"对话框

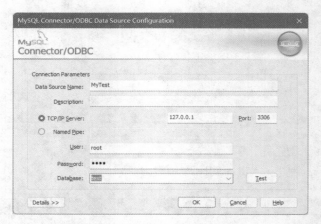

图 5-19 建立连接

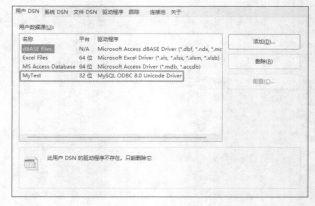

图 5-20 连接成功

5.7.2 Tableau 绘图实操演示

（1）Tableau 所支持的数据连接方式有三种，如图 5-9 所示。

1）到文件：本地所保存的数据文件，如 Microsoft Excel、文本文件、JSON 文件等。

2）到服务器：服务器端的数据源，如 Microsoft SQL Server、MySQL、Oracle 等。

3）到已保存数据源：已完善并保存好的数据源。

（2）双击"已保存数据源"中的"示例 - 超市"，进入 Tableau 使用界面，如图 5-21 所示。

图 5-21　使用界面

1）维度：表示分类、事件方面的定性的字段，以蓝色表示，常放于列中。

2）度量：显示数据角色是度量值，表示数值字段，以绿色表示，常放于行中。

维度与度量如图 5-22 所示，行与列如图 5-23 所示。

图 5-22　维度与度量

ⅲ 列	地区
☰ 行	总和(销售额)

图 5-23　行与列

3）"页面"功能区：可以将视图划分为一系列的页面。

4）"筛选器"功能区：可以指定要包含或排除的数据。

5）"标记"卡：可以使用颜色、大小、形状、文本和详细信息对数据进行编辑，是 Tableau 视觉分析的关键元素，如图 5-24 所示。

图 5-24　页面、筛选器、标记

（3）双击 Tableaus 使用界面左上角数据中的"示例 - 超市"进入数据源编辑界面，如图 5-25 所示。

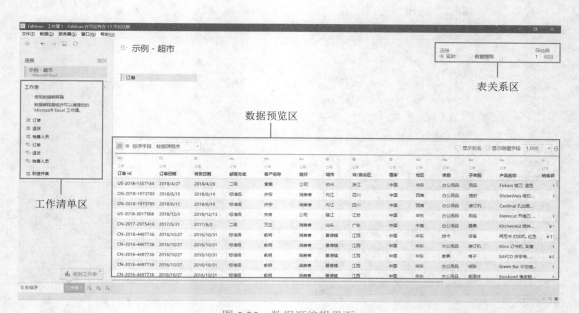

图 5-25　数据源编辑界面

（4）绘制图表。

1）绘制条形图。将维度中的"地区"拖到列中，将度量中的"销售额"拖到行中。为了便于不同地区销售额比较，把度量中的"销售额"拖到"标记"卡中的"标签"中，各个地区的销售额将会显示在条形图上，如图 5-26 所示。

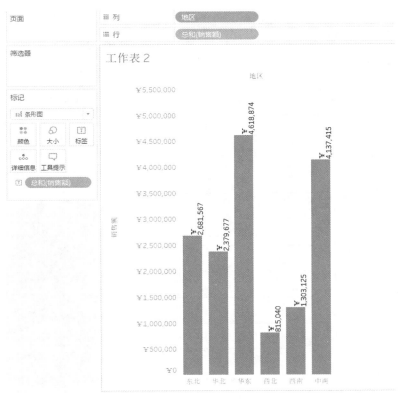

图 5-26　各地区销售额

2）绘制折线图：将维度中的"地区"拖到列中，将度量中的"利润"拖到行中。右击行中"利润"，选择"度量"→"平均值"，显示各地区的平均利润。把度量中的"利润"再拖到"标记"卡中的"标签"中，右击其中的"利润"，选中度量中的平均值，则在图像中显示各地区的利润平均值，如图 5-27 所示。单击"标记"卡中的选框，选择"线"，即可呈现"各地区超市利润图"，再选择升序排序，如图 5-28 所示。

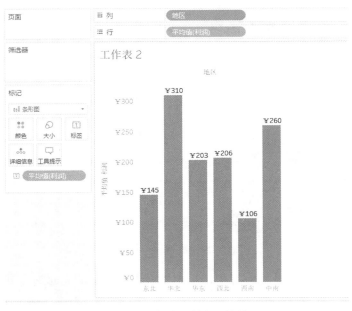

图 5-27　各地区利润平均值

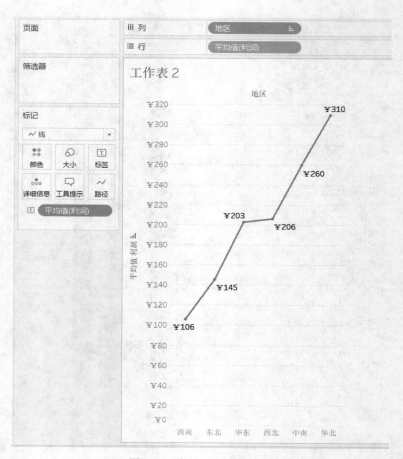

图 5-28　各地区超市利润图

3）连接到服务器中的 MySQL 并绘制条形图。进入数据导入界面，链接到服务器中的 MySQL 的 smbms 数据库下的 smbms_bill 表文件，如图 5-29 所示。

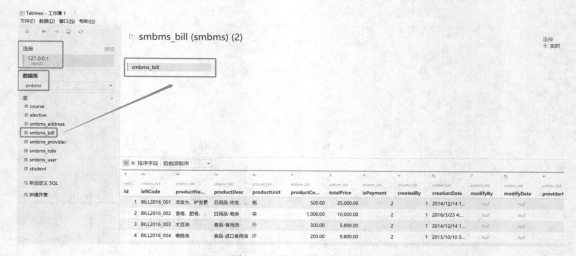

图 5-29　数据导入界面

把度量中的 productName 拖到行中，再把维度中 productCount 拖到列中，则产品数量表如图 5-30 所示。

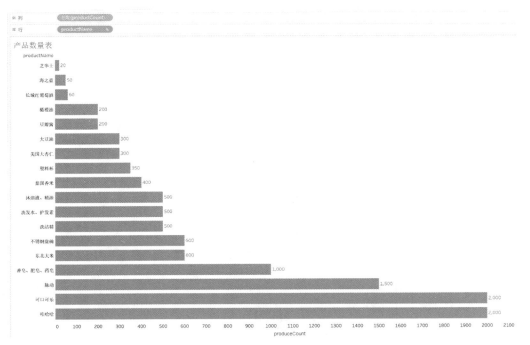

图 5-30 产品数量表

4）词云图。进入数据导入界面，链接到已保存数据源中的"示例 - 超市"文件，把度量中的"销售额"拖到列中，再把维度中"省 / 自治区"拖到行中，单击"智能显示"并选择"填充气泡图"，再单击"标记"卡中的选框并选择"文本"，如图 5-31 和图 5-32 所示。

图 5-31 选择"填充气泡图"   图 5-32 选择"文本"

国内省市销售额词云图如图 5-33 所示。

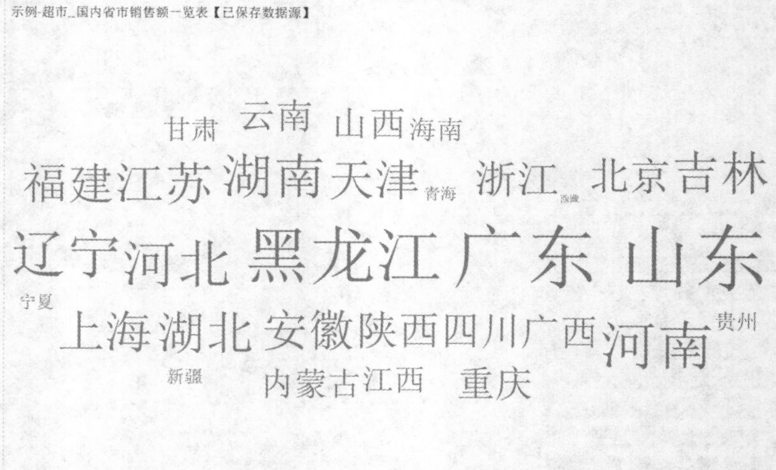

示例-超市_国内省市销售额一览表【已保存数据源】

甘肃　云南　山西　海南

福建江苏 湖南天津　青海　浙江　西藏　北京吉林

辽宁河北 黑龙江 广东 山东

宁夏

上海湖北 安徽陕西四川广西 河南 贵州

新疆　　内蒙古江西　重庆

图 5-33　国内省市销售额词云图

练习 5

1. 什么是数据可视化？
2. 大数据可视化的作用有哪些？
3. 可视化的挑战有哪些？
4. 举例说明你身边数据可视化的实例。

第 6 章　大数据应用

本章导读

大数据应用是大数据创造价值的关键之处，大数据技术迅速发展，大数据应用也随之渗透到各行业之中。大数据产业正快速发展成为新一代信息技术和服务业态——对来源分散、类型繁多的海量数据进行采集、存储及关联分析，并发现新知识，提升新能力，创造新价值。我国大数据应用技术的发展将涉及多学科融合、大规模应用开源技术、机器学习等各个领域。

在具体的行业应用方面，引领大数据融合产业发展规模占比最大的是互联网、金融、电信以及政府，达到 77.6%。在业务数字化转型方面，信息化水平相对较高、研发力量雄厚的互联网、电信与金融行业，处于领先地位；政府大数据也逐渐成为政府信息化建设的关键环节，与政府数据整合与开放共享、市场监管、社会治理、民生服务相关的应用需求持续火热。此外，作为新兴领域的健康医疗大数据和工业大数据，其数据量巨大、产业链延展性高，未来市场增长潜力大。

本章要点

- 互联网行业大数据应用
- 金融行业大数据应用
- 保险行业大数据应用
- 旅游行业大数据应用
- 政府大数据应用

6.1　互联网行业大数据应用

互联网企业所拥有的线上数据量十分巨大，且目前还在持续不断地增长。互联网企业在利用大数据提升自身业务之余，还逐渐开始实现数据业务化，利用大数据发现新的商业价值。

比如阿里巴巴企业，它在不断加强"千人千面"、个性化推荐等面向消费者的大数据应用的同时，还在尝试利用大数据进行智能客户服务。这种应用场景会逐渐从内部应用延展到外部很多企业的呼叫中心之中。

在面向商家的大数据应用中，不少商家利用它为自己创造利益，如"生意参谋"。数据显示，约有 600 万以上商家通过"生意参谋"使自己的电商运营水平得到提升。除了面向自己的生态之外，阿里巴巴还在不断地加速数据业务化，为类似"芝麻信用"等基于收集的个人数据进行个人信用评估的应用的长足发展提供了支撑，应用场景从阿里巴巴的内部延展到越来越多的外部场景，如网约车、旅馆、签证等。

互联网平台能清晰地记录下客户的所有行为，极大地方便了互联网企业对于客户行为信息的获取。通过大数据技术对这些由互联网商务平台产生的具有真实性及确定性的信息进行分析，可以帮助企业制定出具有针对性的服务策略，从而获取更大的效益。由实践证明，大数据技术如果能被合理利用，则能够提升 60% 以上的电子商务应用率。互联网数据为企业全价值链业务流程提供决策支持如图 6-1 所示。

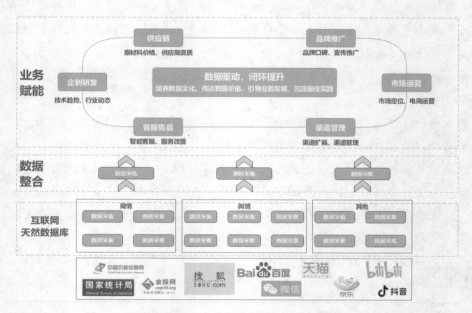

图 6-1   互联网数据为企业全价值链业务流程提供决策支持

在过去的几年中，大数据中已经将电子商务的面貌改变了，具体的电商行业大数据应用有以下几个方面。

（1）精准营销。互联网企业利用大数据技术对相关客户的数据进行采集、分析并建立起用来抽象描述用户信息全貌的"用户画像"，再根据"用户画像"对不同用户进行精准营销、个性化推荐等。当用户登录网站的瞬间，系统便能预测用户的购物目的，然后将合适的商品从商品库中提取并推荐给用户。让企业的业务在合适的时间，通过合适的载体，以合适的方式，推送给最需要此业务的用户是大数据支持下的营销核心。

首先，大数据营销具有很强的时效性。在互联网时代，用户的消费行为瞬息万变，大数据营销能及时在用户的需求值达到最高峰时实施营销策略。其次，可以实施差异化、个性化营销。大数据营销可以根据用户的兴趣爱好或在某一时刻的需求，做到对细分用户进行一对一营销，让业务的营销更具针对性，并能根据实时效果反馈，及时对营销策略进行调整。最后，大数据营销可以对目标用户的各种信息进行多维度的关联性分析，从海量的数据中探索数据项集之间神奇的相关联系。例如，通过关联性分析探索用户购物车中不同商品之间的联系并分析得出用户的其他消费习惯；通过探索哪些商品被用户频繁地同时购买来帮助营销人员从用户的一种商品消费习惯，发现另一种消费习惯，进而为此用户有针对性地制定出合适商品的营销策略。

例如，某电商平台对客户的浏览记录与购物记录进行分析后得出客户的消费模式及相关的消费特性（如收入、家庭特征、购买习惯等）并对不同特性的客户进行分类，最终掌握客户特征并基于特征判断其可能关注的产品与服务。从消费者进入网站的瞬间就能注意到，网站在商品列表页、产品单品页、购物车页等页面部署的五种应用不同算法的推荐栏为其推荐的感兴趣的商品。商家以此来提高商品曝光率，促进交叉和向上销售。对网站进行多角度的全面优化后，商城下定订单转化率增长了 66.7%，下定商品转化率增长了 18%，总销量增长了 46%。

在美国的沃尔玛大卖场，收银员会根据 POS 机扫描商品后显示出的附加信息来提醒顾客还可购买另外的商品。沃尔玛在大数据系统支持下实现的"顾问式营销"系统能够建立预测模型。例如，如果顾客的购物车中有啤酒、红酒和沙拉等，则购买配酒小菜、佐料等商品的可能性高达 80%。

（2）个性化服务。电子商务的先天优势就是提供个性化服务，可以实时获取用户在线记录并及时提供定制服务。越来越多的电商平台通过大数据分析，在平台首页为顾客进行全面的个性化商品推荐。例如，海尔和天猫为用户提供了网上定制电视的功能，在电视被生产前，顾客可以定制适合的电视，选择心仪的电视尺寸、颜色、边框、接口、清晰度等属性进行组装，再由厂商组织生产后为顾客送货上门。类似的个性化服务受到了大众的广泛欢迎，在服装、空调等行业也存在如此的定制服务。这些行业通过满足个性化需求使顾客得到更满意的产品和服务，进而缩短设计、生产、运输、销售等周期，提升商业运转效率。

企业必须通过数据对用户个性有充分的了解，还要合理地掌控和设计服务的个性，才能为用户提供合适的个性化服务。了解用户个性是为用户提供符合需求的产品与服务的基础。企业需要在庞大的数据库中，找出最具有价值的数据，再通过数据挖掘方法对用户进行聚类，为不同的用户类型设计具有针对性的服务。个性化分散的单位可大可小，大到一个有同样需求的客户群体，小到每一个用户都是一个个性化需求单位。但是过于分散的个性化服务，会增加管理的复杂程度与企业的服务成本，所增加的个性化成本和实际收益需要成正比，因此企业必须掌握好个性化服务的粒度。

携程 App 的大数据应用从用户的角度出发，分析携程所有用户在浏览、查询、预订、出游、评论等一系列旅游前后的一切行为中所产生的数据。携程 App 在剔除无效数据的同时，保证用户所留下的数据的真实性，对大量数据进行实时分拣、筛选及重新组织并应用到用户的出游前、中、后各个阶段的个性化需求之中。要做到个性化，最重要的是需要明确用户的目标需求，不仅要看订单，还要关心用户所关心的内容。例如，一批用户同时需要预定五星级酒店，有的用户比较看重酒店的位置，有的用户更在意酒店的服务水平，还有的用户可能会对酒店设施更加敏感。面对这种情况，携程 App 会根据不同用户的特定需求推荐合适的酒店。

美国塔吉特百货设立了一个迎婴聚会登记表，并且对登记表收集到的所有顾客消费信息进行建模分析。经分析发现，大部分孕期顾客会在第二个妊娠初期购买许多大包装的无香味护手霜，在孕期的前 20 周会购买大量的补充锌、钙类的保健品。塔吉特百货根据分析结果，选出了其中的 25 种典型商品的消费数据构建"怀孕预测指数"。通过这个预测指数，塔吉特能够在很小的误差范围内预测到顾客的怀孕情况，从而就能在合适的时间把孕妇优惠广告寄发给顾客。

零食品牌"三只松鼠"在近几年发展迅速，一方面是依靠品牌推广，另一方面是在数据分析的基础上不断完善细节，包括品牌的卡通形象、个性化昵称、赠品差别化、对顾客分类以及用户体验等。"三只松鼠"通过 ERP 系统能够了解所有顾客在商城的购买记录，通过 CRM 系统能够准确抓取用户的评价，一些不经意的留言和评级会反映出他们的需求。通过对顾客的历史购物记录、评价等信息进行分析，从而判断哪些商品适合在哪些地区出售、顾客最愿意接受哪种类型的商品，进而能更加具有针对性地进行产品首页推荐。他们还会对顾客进行个性化、人性化的标签分类及细化分析，根据分类推送相应的商品。例如，已婚男性顾客购买商品的主要目的是送给妻子，则"三只松鼠"会在包裹中加入以"松鼠"口吻写的一封给妻子的信。

（3）商品个性化推荐。商品的种类及数量都随着电子商务规模的扩大而快速增长，顾客需要花费大量的时间在琳琅满目的商品中寻找到所需要的商品。个性化推荐系统通过分析用户的购物记录、用后评价、社交等行为数据，从而挖掘出顾客与商品之间的相关性，发现用户的个性化需求、兴趣等，再有针对性地向用户推荐合适的商品。个性化推荐系统具有针对性的推荐能有效地提高电子商务系统的服务能力，从而保留客户。

随着电子商务的蓬勃发展，推荐系统的优势地位在互联网中越来越高。在国际层面来说，最成功的例子便是 Amazon 平台中采用的推荐算法。在国内，一些较大型的电商平台（如淘宝网、当当网、京东商城等）中，所提供的商品数量不计其数，所拥有的用户规模也非常巨大。据不完全统计，天猫商城中的商品数量已高达 4000 万以上。在如此庞大的电商网站中，用户根据自己的购买意图输入关键字查询后，会得到很多相似的结果。用户难以在众多商品当中区分并选择出自己想要的商品，但推荐系统能够根据用户兴趣为用户推荐相应的商品，既方便了用户，也提高了网站的销售额。

在电影和视频网站中，个性化推荐系统的应用也很广泛，它帮助用户在浩瀚的视频库中找到令他们感兴趣的视频。其中，Netflix 公司是这个领域中使用个性化推荐系统的较为成功的例子。作为一家 DVD 租赁网站公司出身的 Netflix 在开始涉足在线视频业务后，非常重视个性化推荐技术。该公司在 2006 年就开始举办著名的 Netflix Prize 推荐系统比赛，希望研究人员能够将 Netflix 的推荐算法的预测准确度提升 10%。该比赛为学术界提供了一个实际系统中的大规模用户行为数据集（40 万用户对 2 万部电影的上亿条评分记录）且在 3 年的比赛中，参赛者们提出了许多有效且实用的推荐算法，极大地降低了推荐系统的预测误差，可以说，该比赛对推荐系统的发展起到了重要的推动作用。Netflix 使用的是基于物品的推荐算法，即给用户推荐和他们曾经喜欢的电影相似的电影。Netflix 的推荐系统为超过 60% 的用户正确找到想看的电影或视频。

YouTube 作为美国最大的视频网站，所拥有的用户上传的视频数量是非常巨大的。为了解决视频库的信息过载问题，YouTube 在个性化推荐领域也进行了深入研究，现在使用的也是基于物品的推荐算法。实验证明，用户在 YouTube 上对于个性化推荐的点击率超出热门视频点击率整整一倍。

个性化网络电台也非常适合使用个性化推荐系统。因为音乐的数量数不胜数，听众不可能听完所有歌之后才决定自己最喜欢的是哪些歌曲，而且每年的新歌数量也在快速增长，因此用户无疑面临着信息过载的问题。另外，大部分听众一般都会把音乐作为一种背景乐来听，很少有人必须听某首特定的歌。对于普通用户来说，只要能够符合当时的心情，听什么歌都可以。因此，个性化音乐网络电台是非常符合个性化推荐技术的产品。国际上著名的个性化音乐网络电台有 Pandora 和 Last.fm，国内的代表则是豆瓣电台。这三个电台都不支持听众点歌功能，而是给听众提供三种反馈方式：喜欢、不喜欢和跳过。经过用户一定时间的反馈，电台就可以根据对听众历史反馈的分析结果得出听众的兴趣模型，进而不断优化听众的播放列表，使列表内容更符合听众口味。

Pandora 主要使用的是基于内容的推荐算法。Pandora 让音乐专家及研究人员亲身鉴定不同歌曲的特性（如节奏、旋律、歌词等）并进行标注，这些标注被称为音乐的基因。然后根据专家标注的基因计算歌曲的相似度，并给用户推荐和他之前喜欢的音乐在基因上相似的其他音乐。而 Last.fm 则是在记录所有用户播放记录及对歌曲反馈的基础上，计算出不同用户的喜好相似度，根据相似度向用户推荐可能感兴趣的音乐。同时，Last.fm 通过建立社交网络使用户之间能够建立联系，互相推荐音乐。Last.fm 没有使用专家标注，而是主要利用用户行为计算歌曲的相似度。

社交网络中的个性化推荐技术主要应用在三个方面：利用用户的社交网络信息对用户进行个性化的物品推荐、信息流的会话推荐及给用户推荐好友。

Facebook 保存着两类最宝贵的数据：一类是用户之间的社交网络关系，另一类是用户的偏好信息。Facebook 推出了一个称为 Instant Personalization 的推荐 API，它能根据用户好友喜欢的信息，给用户推荐他们的好友最喜欢的物品。很多网站都使用了 Facebook 的推荐 API 来实现网站的个性化。如电视剧推荐网站 Clicker，它使用推荐 API 给用户进行个性化视频推荐，并且现在的 Clicker 可以利用 Facebook 的用户行为数据来提供更适配用户、更有针对性的内容"流"，而更重要的是，用户并不需要在 Clicker 网站上输入太多数据（通过观感评价或观看 Clicker.com 上的视频等方式）也能享受这样的服务。除了利用用户在社交网站的社交网络信息给用户推荐本站的各种物品外，社交网站本身也会利用社交网络给用户推荐其他用户在社交网站的会话。每个用户都能看到首页好友的分享及评论，每个分享和评论都会被称为一个会话。Facebook 开发了 EdgeRank 算法对这些会话排序，使用户能够尽量看到熟悉的好友的最新会话。

除了根据用户的社交网络及用户行为给用户推荐内容，社交网站还通过个性化推荐服务给用户推荐好友。

6.2 金融行业大数据应用

在国内，已有不少银行正在尝试把驱动业务运营的任务交给大数据，如光大银行建立了社交网络信息数据库，中信银行信用卡中心使用大数据技术实现了实时营销，招商银行则利用大数据发展小微贷款。银行的大数据应用可以分为以下四个方面。

（1）客户画像应用。客户画像应用主要分为个人客户画像和企业客户画像。

个人客户画像包括兴趣数据、人口统计学特征、风险偏好、消费能力数据等；企业客户画像包括企业的生产、运营、销售、财务、客户数据及相关产业链上下游等数据。但需要注意的是，银行拥有的并不是全面的客户信息，很难在银行不全面数据的基础上得出理想的结果或正确的结论。例如，有一位信用卡客户每个月平均刷 8 次信用卡，每次刷卡金额平均为 900 元，每年约打客服电话 4 次，从未对服务进行投诉。按照传统的数据分析，结果会显示这位客户是一位满意度较高、流失风险较低的客户。但通过微博得知用户的实际情况是：客户多次在微博上抱怨工资卡与信用卡不在同一家银行，还款不方便，打客服电话多次无人接通，由此得出判断结果是该客户流失风险较高。因此，银行不仅要考虑银行自身业务所采集到的数据，更应考虑整合外部更多的数据，以扩展对客户的了解。外部数据包括以下四点：

1）企业客户的产业链上下游数据。如果银行掌握了企业所在的产业链上下游的数据，就能更好地对企业外部环境的发展情况有更深入的了解与掌控，从而做到更精确地预测企业的未来状况。

2）客户在社交媒体上的行为数据。将银行内部数据与外部社会化数据进行关联互通，就可以获得更加全面的客户拼图，从而进行更为精准的营销和管理，例如光大银行建立了社交网络信息数据库。

3）客户在电商网站的交易数据。例如建设银行将电商平台与信贷业务结合起来，用户只需要凭借过去的信用即可，而阿里金融则为阿里巴巴用户提供无抵押贷款服务。

4）其他有利于扩展银行对客户兴趣爱好的数据，例如网络广告界目前正在兴起的 DMP 数据平台的互联网用户行为数据。

（2）精准营销。在客户画像的基础上银行还可以开展有效的精准营销，其中包括以下四点：

1）交叉营销。即对不同产品或业务进行交叉推荐，例如招商银行可以根据客户交易记录分析，有效地识别小微企业客户，然后用远程银行来实施交叉销售。

2）实时营销。即按照客户的实时状态进行适当的营销，比如根据客户最近一次消费或当时所在地等信息来进行个性化精准营销，例如，客户采购孕妇用品使用了信用卡，则可以通过建模推测怀孕的概率并推荐孕妇类喜欢的业务。一些改变生活状态的事件也可以视作营销机会，例如改变婚姻状况、换工作、置居等。

3）客户生命周期管理。客户生命周期管理包括新客户获取、客户防流失和客户赢回等。例如招商银行通过构建客户流失预警模型，对流失率等级前 20% 的客户发售高收益理财产品予以挽留，使得金葵花卡和金卡客户流失率分别得到了 15 个和 7 个百分点的下降。

4）个性化推荐。银行可以依据客户的喜好特性等进行服务或推荐银行产品，例如根据客户的年龄、理财偏好、资产规模等，对客户群进行精准定位，分析出其潜在金融服务需求，进而有针对性地营销推广。

（3）风险管控。其中包括中小企业贷款风险评估及欺诈交易识别等手段。

1）中小企业贷款风险评估。银行可利用大数据挖掘方法结合企业的生产、流通、销售、财务等相关数据信息对贷款风险进行分析，量化企业的信用额度，更有效地开展中小企业贷款。

2）实时欺诈交易识别和反洗钱分析。银行可以利用持卡人的基本信息、交易历史、行为模式、卡基本信息等，结合智能规则引擎（如从一个用户不常在国家为一个特有用户进行转账或从在陌生位置进行交易等）进行实时的交易反欺诈分析。例如 IBM 金融犯罪管理解决方案帮助银行利用大数据有效地预防及管理金融犯罪，摩根大通银行则利用大数据技术追踪入侵 ATM 系统或盗取客户账号的罪犯。金融大数据业务驱动如图 6-2 所示。

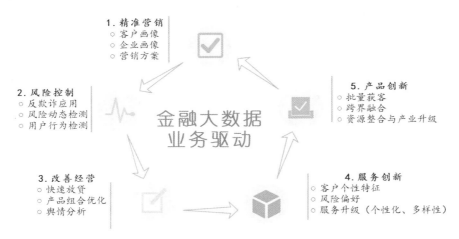

图 6-2　金融大数据业务驱动

（4）运营优化。

1）产品和服务优化。银行可以将客户行为转化为信息流，并对客户的个性特征及风险偏好进行分析，更深层次地理解客户的习惯，对客户需求进行智能化分析和预测，从而对产品进行创新以及对服务进行优化升级。例如兴业银行目前通过对还款数据进行挖掘分析，从而区分优质客户，根据客户还款数额的差别，提供差异化的金融产品和服务方式。

2）市场和渠道分析优化。通过大数据，银行可以对不同市场推广渠道实行监控，监测其推广质量（尤其是网络渠道推广的质量），从而进行合作渠道的调整和优化。同时，也可以分析哪些渠道更适合推广哪类银行产品或者服务，从而进行渠道推广策略的优化。

3）舆情分析。银行可以利用爬虫技术对论坛、社区或微博等社交网站上关于银行及银行产品或服务的相关信息进行爬取，并通过自然语言处理技术进行正负面判断，从而及时掌握相关的负面信息，及时发现并处理问题；对于正面信息，可以加以总结并继续强化。同时，银行也可以对同行业银行的相关正负面消息进行抓取，及时了解同行做的好的方面，以作为自身业务优化的借鉴。

6.3　保险行业大数据应用

过去的保险行业，在传统的个人代理渠道中，业务开拓的最关键因素是代理人的素质及人际关系网，在开发新客户及关系维护过程中，大数据的作用并不突出。但随着互联网、移动互联网以及大数据的发展，网络营销、移动营销和个性化的电话销售逐渐凸显出明显优势，大数据被越来越多的保险公司关注，在保险行业中的作用也显得越发重要。总的来说，保险行业的大数据应用可以分为三个方面，分别是客户细分及精细化营销、欺诈行为分析和精细化运营，应用现状如图 6-3 所示。

图 6-3 保险大数据应用现状

（1）客户细分和精细化营销。

1）客户细分和差异化服务。确定保险需求的关键是风险偏好，风险喜好者、风险中立者和风险厌恶者对于保险需求有不同的态度。一般而言，对于保险需求最大的是风险厌恶者。在进行客户细分的时候，除了需要注重风险偏好数据之外，还需要结合客户的爱好、习惯、职业等偏好数据，利用机器学习算法来对客户进行分类，并针对分类后的客户提供不同的产品和服务策略。

2）潜在客户挖掘及流失用户预测。保险公司可利用大数据对客户的线上及线下相关行为进行整合，并对潜在客户进行分类，细化销售重点。通过综合考虑客户的各种信息、既往出险情况等，筛选出影响客户退保或续期的关键因素，通过这些因素及建立的模型估计客户的续期概率或退保概率，找出高风险流失客户，及时预警，制定挽留策略，提高保单续保率。

3）客户关联销售。保险公司可以通过关联规则找出最佳险种销售组合，利用时序规则找出顾客生命周期中购买保险的时间顺序，从而把握保户提高保额的时机、建立既有保户再销售清单与规则，进而促进保单的销售。除此以外，保险业借助大数据可以直接对客户需求进行锁定。例如淘宝的运费退货险，据统计，淘宝用户运费险索赔率高达 50%，该产品只能给保险公司带来 5% 的利润，但仍然有许多保险公司愿意提供此类保险，这是因为在购买运费险之后，客户的个人基本信息（包括银行账户信息、手机号等）会被保险公司所获取，客户购买的产品信息也能被保险公司了解，保险公司依据这些信息实现精准推送。例如，一位顾客购买婴儿奶粉后进行了售后退货服务，并获得了运费险的赔款，保险公司由此获取到了客户的信息，可以判断出该客户家里有小孩，可以向其推荐关于儿童疾病险、教育险等利润率更高的产品。

4）客户精准营销。在网络营销领域，保险公司可以收集互联网用户的各类数据，其中包括属性数据（地域分布等）、即时数据（搜索关键词等）、行为数据（浏览行为、购物行为等）以及社交数据（人脉关系、兴趣爱好等）等，随即在广告推送中实现需求定向、偏好定向、地域定向、关系定向等定向方式，实现精准营销。

（2）欺诈行为分析。基于企业内外部交易和历史数据，实时或准实时预测和分析欺诈等非法行为，包括医疗保险欺诈与滥用分析以及车险欺诈分析等。

1）医疗保险欺诈与滥用分析。医疗保险欺诈与滥用通常可分为保险欺诈与医疗保险滥用两种。保险欺诈是指非法骗取保险金；医疗保险滥用则是指在保额限度内重复就医、浮报理赔金额等。保险公司能够从历史数据中挖掘出影响保险欺诈最为显著的因素及因素的取值区间，建立预测模型，并通过自动化计分功能，快速地按照滥用欺诈可能性分类处理理赔案件。

2）车险欺诈分析。保险公司利用过去的欺诈事件建立预测模型，将理赔申请分级处理，可以很大程度上解决车险欺诈问题，包括业务员及修车厂勾结欺诈侦测、车险理赔申请欺诈侦测等。

（3）精细化运营。

1）产品优化，保单个性化。保险公司在过去没有精细化数据分析及挖掘的情况下会把许多人都放在同一风险水平线上，实际上不在风险水平线的客户保单并没有完全解决客户的各种风险问题。如今，保险公司可以通过自有数据及社交网络中的客户数据，解决现有的风险控制问题，为客户制定具有针对性的保单，获得更准确以及更高利润率的保单模型，给每一位顾客提供个性化的解决方案。

2）运营分析。基于企业内外部运营、管理和交互数据分析，全方位统计及预测企业经营和管理绩效。基于保险保单和客户交互数据进行建模，借助大数据平台对再次发生或者新的操作风险、市场风险等继续快速分析与预测。

3）代理人甄选。代理人即保险销售人员，根据代理人的性别、年龄、业绩数据、入司前工作年限、其他保险公司经验和代理人思维性向测试等，通过分析销售业绩相对较好的销售人员的特征，优先选出高潜力的代理人。

6.4　旅游行业大数据应用

旅游与每个人的生活息息相关，旅游产业要提升效益则需要一种完全不同于以往的方式。梦想旅行 CEO 郭宁在第 15 届中国互联网大会"互联网＋民航"专场上表示，大数据将改变传统旅游行业的 DNA，加速推动智慧旅游时代的到来。

大数据打破了旅游信息不对称的情况，例如，淘宝让"剁手"成为大势，打破了商户与消费者之间的信息不对称；滴滴打车将共享经济发挥得淋漓尽致，打破了司机与出行用户之间的信息不对称；互联网金融使民间资金"复活"，打破了金融机构与大众之间的信息不对称……而接下来，新一轮变革轮到信息不对称行业中最后一片——旅游行业。在郭宁看来，大数据将会把传统旅游信息不对称的难题打破，重塑旅游产业新模式。从用户角度出发，他认为目前大数据主要应用在两个领域：一是旅行出发前信息整合，二是旅行中的信息获取。旅游大数据应用如图 6-4 所示。

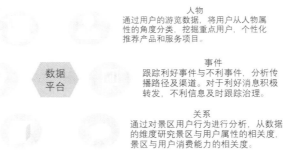

产品
通过游客对产品及其周边服务的反馈，可以知道游客的产品喜好，进而有目的性地开发和推广适销产品。

地点
对于合作客户而言，了解到旅游客源地主要来自哪些地区，从而有针对性地进行营销和制定游客所喜欢的线路。

市场
通过市场数据表，进行相关资源的组合能最大程度上降低旅行社的经营成本，实现利润的最大化。

人物
通过用户的游览数据，将用户从人物属性的角度分类，挖掘重点用户，个性化推荐产品和服务项目。

事件
跟踪利好事件与不利事件，分析传播路径及渠道。对于利好消息积极转发，不利信息及时跟踪治理。

关系
通过对景区用户行为进行分析，从数据的维度研究景区与用户属性的相关度，景区与用户消费能力的相关度。

数据平台

图 6-4　旅游大数据应用

在出发旅游前查看攻略、制订计划已经成为绝大部分游客出行前的固定动作。来自旅游网站、论坛、社交网络等的信息琳琅满目，对于每一个游客而言，旅行信息不是过少而是太多，信息碎片化、分散化，太多的非结构化数据不能得到整合，所以出行用户在出发前要一一查看大量攻略才能准备充分。目前业界大部分的行前服务提供商（去哪儿、穷游等）为帮助用户整合信息，都已逐步加深对大数据的应用。

另一方面，由于用户在旅游过程中不停变化的动态地理位置，基本离不开基于 LBS 的产品服务，例如大众点评对美食信息的整合。同时，不同的出行时间以及不同的出行偏好等也意味着不同的出行计划（如路线不同等），例如冬季与夏季的三亚，白天与夜晚的上海，喜欢独自出行的背包客与选择亲子游的一家人等。因此只有大数据才能缓解用户在出行中随时间维度、地理位置、适合人群动态变化等的诉求。然而由于行业中服务对个性化实现、精准度要求非常高，专注于提供旅游科技服务的企业少之又少，市场仍存在大量空白。

郭宁表示："POI（兴趣点）是决定精准度的一个关键指标。"当 POI 数据较少时，旅行信息只能覆盖最基本的大众景点，用户无法查询到相对冷门的景区旅行信息。例如，在国外使用百度地图的体验感与使用 Google 地图的体验感差距非常大。对此，市场上涌现出一些专业的技术公司，如"梦想旅行"等，对全网 POI 进行实时整合并校验，从而得到对信息的更多洞察。"我们从不同纬度去衡量 POI 信息，精准到每一条街道，用户在每一个景点周围 1 公里内都能轻松找到美食、购物、交通信息。"

与此同时，旅游是典型的体验式经济，大数据对旅游行业的改革包括个性化的满足。传统的旅游服务商基本是通过标签化技术来实现的，但实际上的人均消费、时间等不只是简单的标记，且用户的爱好与习惯等并不能通过标签很好地呈现出来。

"如果说大数据实现了信息的整合与挖掘，那么知识图谱则真正实现了信息的'洞见'。"在郭宁看来，能充分满足用户个性化推荐等需求的只有建立在知识图谱上的旅游行业。知识图谱是一个可实现自动化管理的系统，它蕴含着丰富的 POI 信息。建立在 NLP 自然语言处理、主题模型分析上的知识图谱如同旅游业的维基百科，因为它充分了解数十亿篇游记、餐厅美食评价、景点简介交通路线等信息，能轻易地分析出"奥巴马去过的美食餐厅"，也能回答出"动漫迷的二次元景点推荐"。

人工智能语音助手，将智慧旅游推向现实，郭宁表示："如果将过去照本宣科、参照攻略进行出行视为旅游 1.0 版本，那么 2.0 版本的智慧旅游将基于 LBS，提供具有时效性、个性服务。"在知识图谱与贝叶斯网络算法等技术的相互配合下，一站式的自动行程规划将带来全新的旅行模式与体验。用户在出行前不再需要大量地收集信息、制订计划，而是可以根据个人的目的地、出发时间、出行偏好等信息"一键生成行程"，就能轻松获得一份包含景点信息、最佳游玩时间、热门推荐等内容的行程规划，让用户真正实现一边旅行，一边决策。

自动行程规划只是宴席的一个前菜。梦想旅行正在联合国内高校，打造人工智能语音助手，郭宁表示："如同苹果 Siri 一样，它可以理解用户问题并进行有效回答。但梦想旅行语音助手比 Siri 更聪明，不是简单的一问一答，它能理解上下文语境，真正完成连续性对话。"例如用户向语音助手提问如何前往最近的寿司餐厅时，只要说出"怎么去…？"而不是"如何去最近寿司餐厅？"就能够得到回答。

在大数据时代，借助大数据进行精准营销也是旅游行业最重要的营销方式，下面举例为大家说明。

斐济位于南太平洋，由 333 个火山喷发后形成的小岛群组成，被誉为地球上最幸福的地方。某旅行社推出了一项针对斐济的旅行活动，计划在移动设备上宣传活动广告，获取意向客户的点击、关注和预约。其广告投放方案如下：

（1）MOB 数据定向。利用大数据平台的 DSP 广告投放功能，通过大数据分析这些利用 MOB 数据识别出的安装有旅游类 App 移动设备用户的属性特征，并筛选整理出意向人群，再有针对性地对这些意向人群的移动设备在主流移动端媒体平台广告位和旅游 App 广告位优先发起竞价，吸引客户点击广告进入活动落地页。

（2）人群重定向。标记曾点击广告的用户，当用户在其他可竞价媒体平台进行再次访问时，进行广告二次推送并提高广告溢价，争取向他们优先展示广告，吸引用户再次点击广告，引导其进入活动落地页，加深对活动的了解和记忆，激发用户电话咨询和预约活动的意向。

（3）优化措施。

1）媒体优化：根据小蜜蜂大数据平台反馈的数据表现，对投放的媒体平台进行适当调整，将投放重心放在高点击率平台并排除低点击率平台。

2）投放时间段优化：根据投放时间段点击量的数据反馈，增加高点击率时段的投放比例并排除低点击率时段。

3）地域优化：根据地域的表现，在投放期间对地域投放比例进行调整，重点投放一线及二线城市，减少其他量级城市投放比例。

（4）投放效果。在整个广告投放流程结束后进行数据统计，实际广告曝光量比预期值提升了 50%，实际广告点击率高于预期值 39.5%，活动预约客户的实际人数高于预期值 35.8%。

从以上案例可以看出，大数据在活动宣传方面的价值有两方面。一是特征分析和用户行为。通过大数据对用户的购买习惯及偏好进行分析，甚至做到了"比用户更了解用户"。有了大数据，企业才能真正及时全面地了解客户的需求和期望。二是推送准确的营销信息。在过去的几年里，有许多提出精准营销的公司，但真正实施并做出效果的并不多。主要原因是，过去的精准营销无法做到真正的精准，因为它缺乏用户特征数据的支持和详细准确的分析。相对而言，现在的实时竞价广告等应用程序向我们展示了比以前更好的投放精度，这都得益于背后的大数据的支持。

6.5　政府大数据应用

中国政府大数据的主要应用领域包括政务数据管理、信息共享、社会管理以及城市网络管理。在未来的几年，公共管理领域中大数据的重要发展方向在于完善政府决策流程、加强电子政务建设、管理好政府的数据资产。大数据将对政府部门的精细化管理和科学决策发挥重要作用，政府的服务水平能够得到一定程度的提高。交通安防、医疗服务、舆情监测等将是公共管理领域重点应用领域。

《中华人民共和国国民经济和社会发展第十四个五年规划和 2035 年远景目标纲要》提出，"强化数字技术在公共卫生、自然灾害、事故灾难、社会安全等突发公共事件应对中的运用，全面提升预警和应急处置能力"。自新冠肺炎疫情发生以来，大数据在疫情溯源以及监测等工作中起到了重要的积极作用。国内的疫情防控目前已进入了常态化阶段，相关部门更应该积极总结有关经验，破除信息孤岛，加强数据共享。

在我国的政务上，大数据发挥出了重要的积极作用，使我国在各领域中取得积极成果。例如，大数据手段在经济调节领域中，已经被应用到宏观调控领域，对于改善调控工作成效起到了积极的作用，而海关、国税等部门推进的金关工程、金税工程，也取得了显著成果。大数据在市场监管领域中，使市场监管模式得到创新，健全了环境治理、企业监管、消费安全、食品药品安全、安全生产等领域的事中事后监管机制，有效降低了企业创办和运行的压力与负担；建立起信用承诺制度和信用信息共享互换平台、失信联合惩戒机制，这些也为国家和地方各级政府减少行政许可创造了条件；协助建立产品信息溯源制度，便于监管部门通过大数据科学制定与调整监管制度以及政策。在社会治理领域，大数据技术已经被深度应用在公安机关中，包括户籍管理、社会治安管理、出入境管理、车辆管理、反扒、打拐、打击电信诈骗、反恐等领域，比如在预测犯罪等方面取得了较好的社会成果。

加强个人数据保护才能使政务大数据发展得到加速，才能将更多、更广泛的公共数据纳入开放资源，应当借鉴有关发达国家经验，加快完善隐私、数据保护法律体系，加强对政府机密、企业商业秘密和个人隐私的保护，避免大数据被滥用。

为政府大数据应用持续增长注入新鲜活力的是日渐流行的大数据创新，创新创业助推政府大数据应用日益丰富。京津冀、珠三角等国家级大数据综合试验区在建设面向大数据创客的众创空间与公共开发平台时也加快了建设速度，开展政府数据挖掘、清洗、分析与可视化等多方面技术与应用研发时也是围绕着政务、安防、教育、社保、医疗、交通等重点领域，一批解决方案快速成熟，优秀的中小供应商快速涌现，市场持续活跃。

政府大数据的应用场景在新型智慧城市的持续建设中得到了丰富：新型智慧城市建设带来了数据的爆发式增长，政府大数据在信用、安防、交通、舆情、医疗等重点行业的应用场景更加丰富，催生更多市场需求。国家发展和改革委员会提供的数据显示，截至2018年8月，我国100%的副省级以上城市、76%以上的地级市和32%的县级市，已经提出加快建设新型智慧城市，并且已经形成了长三角、珠三角等多个智慧城市群。智慧政务系统见表6-1。

表6-1　智慧政务系统

应用	公共平台
智慧政务（保稳定）	政府热线、智慧执法、智慧城管、电子政务、应急系统、智慧监察、平安城市
智慧产业（保增长）	智慧环保、智慧物流、智慧邮政、智能邮政、智能交通、智能巡检
智慧民生（保民生）	智慧景区、智慧校园、智慧社区、智慧医疗、食品安全

6.5.1　发展历程

大数据在2014年被首次写入政府工作报告中，并逐渐成为各级政府关注的热点，数据流通与交易、利用大数据保障和改善民生、政府数据开放共享等概念深入人心。国家相关部门也出台了一系列政策，鼓励大数据产业发展。随着数字经济蓬勃发展，信息技术与传统产业加速融合，人工智能、云计算、5G等新一代信息技术兴起，作为各行业信息系统运行物理载体的数据中心，已然成为经济社会运行必不可少的关键基础设施，在数字经济发展中扮演至关重要的角色，大数据产业的发展脚步也受到了数据中心发展速度的影响。

2021 年 7 月，工信部发布《新型数据中心发展三年行动计划（2021—2023 年）》，提出到 2023 年底，全国数据中心机架规模年均增速保持在 20% 左右，平均利用率力争提升到 60% 以上，总算力超过 200 EFLOPS，高性能算力占比达到 10%。我国生产模式的变革受到数字化改革的影响，随着经济数字化、企业数字化、政府数字化的建设，数据已经成为我国政府和企业的核心资产。跨境贸易、合资企业、多厂商全球合作的模式变迁，数据开始在企业与企业之间、政府与企业之间以及国与国之间流转、融合，此外，数据安全成为行业发展过程中的重要安全问题。2020 年全球数据泄露的平均损失成本高达 1145 万美元，数据泄露事件影响大、损失重。

迄今为止，世界上已有 100 多个国家和地区通过了数据安全法，专门的数据安全法已成为国际惯例。我国发布了一系列关于数据安全的政策，护航大数据产业发展。2021 年 6 月，我国正式发布《中华人民共和国数据安全法》，于 2021 年 9 月 1 日起正式施行。

自 2015 年以来，我国不断出台政策，鼓励发展云计算、物联网等互联网信息技术与大数据的融合，并推动大数据在政府、医疗、工业、农业、金融等多领域的应用。根据赛迪发布的数据，从特定产业应用的观点来看，引领大数据融合产业发展规模占比最大的是互联网、金融、电信以及政府，达到 77.6%。此外，作为新兴领域的健康医疗大数据和工业大数据，其数据量巨大、产业链延展性高，未来市场增长潜力大。

随着中国数字经济的快速发展，大数据在政策推进下，不断被扩大到各种各样的新兴领域。例如，2021 年 1 月，《关于加快数字商务建设服务构建新发展格局的通知》中提出要深入推进商务大数据应用体系建设和部省电商大数据共建共享工作，持续推进部省之间商务领域数据资源互联互通、有序共享，合力完善电子商务统计监测体系，形成规则共享和双向反馈作用的机制。

目前，大数据产业的"十四五规划"已正式发布，相关部门也制订了大数据相关开发目标的计划。《新型数据中心发展三年行动计划（2021—2023 年）》提出，到 2021 年底，全国数据中心平均利用率力争提升到 55% 以上，到 2023 年提升至 60% 以上。工业用互联网开发行动计划提出，到 2023 年，基本上完成国家骨干产业用互联网大数据中心系统。《关于加快构建全国一体化大数据中心协同创新体系的指导意见》提出，到 2025 年，全国数据中心将以合理布局和绿色强度形成综合基础设施模式，东西部数据中心实现结构性平衡，大型、超大型数据中心运行电能利用效率降到 1.3 以下。

2018 年，政府大数据在中国数字政府和新型智慧城市的持续建设中备受瞩目。当前，我国正在加快政务数据互联互通，强化社会治理和经济监管，提升政务网络能力，推动政府数字化转型，完善政务服务体系，提升民生服务水平。在多年持续的信息化建设中所沉淀提取的政府数据基础上，实行数据预处理、分析挖掘和数据可视化工作，可以使政府工作人员的办事效率得到大幅度提升。社会治理的重点在于建设舆情、交通、安防等领域，积极开展"天网工程""雪亮工程""舆市情监控""路网监控"等工程；通过在民生服务中建设智慧社保、智慧教育、智慧医疗等，充分了解民生服务中的各类需求，强化公共服务能力；在政治应用领域，加快数据平台建设、数据采集整合、数据共享开放，构建新型智能政府。目前，政府大数据顶层设计相对完善，数据创新带来新蓝海，智慧城市建设创造更多应用。

政府正逐步完善政府大数据相关的顶层设计。2015—2019 年，政府关于大数据产业发展的政策出台较为紧密。国务院和国家发改委、交通运输部、公安部、工信部、国土资源部等各部委都相继提出了关于促进大数据产业发展的意见和方案，持续优化产业整体发展环境。大数据政策开始延伸扩展到各大行业与各细分应用领域中，行业应用备受关注。截至 2019 年年初，31 个省级行政区相继发布了大数据相关的发展规划，十几个省（区、市）设立了大数据管理局，8 个国家大数据综合试验区、11 个国家工程实验室启动建设。大数据相关政策加快完善。

6.5.2 行业痛点

（1）数据安全保障不足，部门责任职能不清晰。政府数据的安全责任内容并不清晰，权属关系与职能责任分工不明确，尚未建立数据分类分级规范，数据开放目录尚不完整，没有成形的数据开放共享模式。所缺失的这些安全保障能力，致使政府部门无法轻易开放共享数据。

（2）部门内部存在壁垒，数据孤岛问题严峻。由于地区、区域、行业和部门条块分割状况，不同部门之间的数据共享存在困难。有的部门把数据当作内部资产，部门利益、资源管控等因素导致其开放数据意愿不高。这种信息化发展模式以部门为中心，促使了条块分割的"信息孤岛"的形成，大量纸质数据仍未导入数据平台。比如，民航、税务、通信管理等垂管部门系统相对独立、数据无法接入地方共享平台，不容易进行横向数据共享交互。不同的供应商使得数据平台和数据系统在建设初期存在服务接口少、系统不兼容等问题，这也间接造成了数据孤岛现象。

（3）数据创新意识淡薄，数据资源利用率较低。相较于企业，政府部门对于数据创新和应用的想法比较少，需求精准度较低，创新意识不够强。数据创新体制机制、思维模式和管理模式有待提升。中国的数字政府建设已持续多年，政府服务效率的提高主要表现在政府部门行政审批效率的提高和消费服务产品质量的提高，但在决策科学化、政府治理模式创新、理念转型上仍需加快转型步伐。

（4）数据标准尚未制定，数据互通存在阻碍。2018 年，贵州成为全国首个获批建设大数据国家技术标准创新基地的省份，目前已制定发布两项国家标准，编制发布五项大数据地方标准。但大数据标准化方面的工作仍不能松懈，相关国家级的规划和标准文件也有待出台并实施。所缺失的与政府数据相关的政策制度、技术标准和法律法规等，也间接导致政府部门由于权责不清而不会轻易开放共享数据。

（5）从解决方案供应商的角度来看，难点主要集中于人才方面：

1）缺少行业专家。由于行业积累与技术积累的长周期性，行业专家资源非常稀缺。而多数的政府大数据项目都需要行业专家的支撑与解读，但实际情况是应用场景数量要多于专家的数量，致使项目执行交付难。

2）大数据人才难以招人和留用。大部分政府大数据企业都是从事政府信息化建设的软件企业。在此领域中，通常需要更多的时间才能形成一定的技术与行业经验积累，但同时，从事此行业的工作人员薪资水平并没有互联网行业的高，导致出现了人才招引难和留用难等严峻问题。

6.5.3 发展机会

1. 布局集中化数据中心的建设

未来的发展趋势重点是集中化的数据资源中台，数据中台使政府数据的汇集得到加速，政府数据的横向打通得到推进，数据开放共享和高效管理落地，为后续丰富的应用提供统一、可靠的数据接口。

2. 加快新技术与政府业务融合

利用人工智能、5G等新兴信息通信技术，对政府业务进行挖掘并优化，引导政府释放一批新项目。以信访部门为例，用人工智能自然语言处理技术自动分类来访信件，归集摘要，使信访部门的工作效率大幅提升。在不久的将来，类似的技术应用将会变得更加丰富，同时对于供应商的要求也会不断提高，类似于电信领域的开放式框架合作（依据供应商实际的创新成果付费）将逐渐成为主流。

3. 强化政府数据综合治理

政府将提高对于数据治理工作的重视程度，强调数据中心准确可靠，具备"现代化"的数据治理能力。未来的重点关注方向是数据治理在舆情、安防、交通等场景的应用。舆情监测、公共安全防控、社会信用数字化、应急管理、食品药品监管、环境监测、交通管理等数字化项目将持续迭代，通过强化这些领域核心数据的安全保护，将在构筑起"大监管"整体环境的同时，推进数据治理工作。

（1）对投资机构的建议：地方各级政府当前建设的民生综合服务平台、电子政务平台已初见效果，城市级数据中台、数据目录等新型基础建设加速推进。"城市数据中台""城市大脑"等领域的优秀解决方案供应商值得资本关注。另外，面对大量的政府数据，数据清洗、数据安全、数据存储服务、数据分析挖掘和可视化等领域的技术研发和应用开发也有很大的增长空间，值得持续关注。

（2）对厂商的建议：持续关注技术发展趋势，创新服务模式。制造商必须保持对大数据技术发展的兴趣，抓住"数字中国"建设的机遇，深度聚焦自身优势领域，把出发点放在客户需求上，明确市场定位，为各级政府搭建大数据应用场景，提供精准的大数据服务和解决方案。以创新为动力，不断完善政府大数据整体产品，创新服务模式，开拓新市场，为客户提供多元化的解决方案。

在信息化社会，大数据是现代政府改革治理思路和方式、推动政府治理现代化必不可少的重要力量。基于此，近年来，一些地方政府提出了获取大数据的提案，着力建立"用数据说话、用数据决策、用数据管理、用数据创新"的管理机制。实践证明，大数据治理已经成为政府治理的一种客观形态，大力推进着政府治理的有效运营。

6.5.4 社会价值

大数据治理显示出多种价值，政府有效的治理不仅需要建立和改善科学合理的结构体系，也需要现代要素的支持。其中，大数据就是一个必不可少的支撑要素。人们在经过一段时间的实践探索后慢慢发现，大数据的精准应用不仅成为现代政府治理的重要工具和有力手段，而且彰显出多重价值。

（1）增强公共政策的科学性。政府治理的重要手段是公共政策，其科学合理性和积极效能反映政府的治理水平。从公共政策的逻辑体系看，政策制定是实施政策工具和实现政策目标的过程，是实现决策者意图的最重要部分。因此，成熟的政府总是依靠固定的资源和工具，重视公共政策的制定与执行。一些地方政府在制定公共政策的过程中极为注重大数据的开发及精准应用，并利用这些数据促进公共政策的科学合理性。例如"北上广"等大城市开发建设的交通信息综合应用平台，将实时视频采集系统、出租车GPS系统、道路传感系统等多系统信息集于一体，可以实时分析交通状况，提高交通管理措施的时效性和准确性，为后续交通设施建设提供优质的大数据支持，进而提高交通基础设施建设的科学决策水平。

（2）促进公共服务的精准化。随着现代社会的发展，人们对生产生活服务的需求日渐呈现出差异化和个体化特征已经成为一个无法否认的事实。这就意味着政府在提供公共服务的过程中要朝精准化的方向努力。换句话说，在服务型政府的理念下，问题已经从"要不要供给公共服务"变为"如何实现精准化的公共服务"。而大数据的精准使用刚好能够成为政府的有力工具。比如，在扶贫开发工作中，地方政府通过对居民经济状况进行核查比对，不仅能比对出本应享受低保救助的困难户，还能检测出不符合申领救济资助条件的"假贫困户"，进而实现救助服务的精准化。

（3）提升社会治理绩效水平。政府治理能力的高低体现在是否具有良好的社会治理绩效。党的十九大报告提出，要"完善党委领导、政府负责、社会协同、公众参与、法治保障的社会治理体制，提高社会治理社会化、法治化、智能化、专业化水平"。这不仅提出了当代社会治理结构的构建问题，而且明确了社会治理的数据要素支撑。纵观近年来各领域的实践探索，基于大数据精准使用的智能化、智慧化管理已经成为一股潮流，创造了巨大的效率。

6.5.5　机遇与挑战

大数据的精准治理彰显出多重价值的同时也给政府的信息采集手段、决策模式和部门合作带来了挑战，同时也是新的机遇。

（1）数据采集手段的多样化。精准应用大数据的政府治理必须首先收集相应的大数据。然而，当前部分地方政府仍然习惯于使用传统的数据信息采集手段。传统手段虽然实现了"留痕"，但实际上并没有实现数字化，所形成的大量数据信息最终都成为了"历史档案"，无法在政府治理过程中发挥出应有的作用。传统采集手段和政府治理精准化需求之间所存在的不匹配现象，极大地制约了政府的治理能力。

（2）部门合作的多维度展开。大数据的精准使用呼唤部门之间的协同配合，进而形成高度集成、密切融合的数据系统。但是有的部门资源整合方面由于当前条块分割的管理体制而难以形成集约性开发和运用，经常存在"数据孤岛"现象。纵向看，虽然当前有国家、省、市、县等各级各类信息平台，但这些数据却还没有实现上下统一和有效融通。横向看，有的地方政府主要集中于民政、计生、治安等条线的部分数据对接，但对于其他的领域端口开放、数据融通权限等却依然存在难以突破的孤岛问题。有更多的数据信息显示，彼此分割、数量繁多的"信息烟囱"耗费了大量人力与财力，效果却不尽如人意。

（3）政府决策模式的转变。事物之间的联系与耦合性在大数据中非常重要，要求政府决策体现系统性、统筹性、全局性。而政府决策模式也在一定程度上受到影响。例如，政府利用精确的大数据在疫情防控过程中，对大量的人员流动信息进行精确识别并分析，从而得到防控对象的行动轨迹，进而做出相应的封控管理决策。传统状态下的政府决策却达不到这样的效果。与此同时，在大数据的不断发展中，对习惯于传统决策模式的地方政府提出了严峻挑战。

以精准有效的大数据推动政府治理，准确使用大数据是提高政府治理绩效的重要因素，可以从三个方面寻求有效突破。

（1）再造政府流程，实现数据集成。若要精准使用大数据，则必须对政府流程进行优化。在革除信息壁垒以后，再造、优化政府流程才能够为政府治理与精准使用大数据提供有力支撑。以科层制结构为形态、以专业化分工为原则的传统政府管理已经成为过去，新时代的政府治理正朝着跨部门、无缝隙、多领域的趋势发展。同时也表明，政府流程再造需要运用新的方式。例如，需要对中间层次过多、机构重叠的现象进行改变，才能实现部门之间信息资源的无缝衔接与共享。在疫情防控工作过程中，这一应用更为突出。可以通过流程再造，使交通、卫生健康、通信、公安等相关部门能够通过交通数据、通信数据、消费数据等对关联人员的行动轨迹进行精准分析，使大数据予以即时呈现、动态更新，避免基层遭遇信息"中梗阻"而花费大量人力去反复核查、多次填表。

（2）消除信息孤岛，坚持信息共享。政府信息化建设过程中长期存在的信息孤岛问题是政府治理中的一大难点。信息孤岛的形成原因主要是政府有关部门没有形成统一的信息采集机制和规划标准，各自采集、各自监管、各自运行，导致不同信息系统之间无法兼容。如果要彻底解决"信息孤岛"难题，革除部门本位主义思想是首要之处，对待大数据的采集和运用应该采用开放包容的理念和系统性思维。在此基础上，则可以借用现代信息技术形成统一的数据标准和格式规范，加快建设一网集成、信息共享的公共数据平台，积极推动信息深度整合、跨部门校验核对、跨区域互通共享，实现部门专网与大数据平台的共享交换，在更深层次中解决"二次录入""多网并存"等问题。

（3）加强数据信息的安全保障。政府治理中大数据的精准使用在作为有力支撑的同时，也会带来信息安全和数据伦理问题。这也说明数据信息的安全保障需要被更加关注与重视。从总体上分析，若要平衡大数据的精准应用与信息保护这两方面，既不能因为"可能"存在信息泄露风险就阻断大数据的精准使用，也不能因为需要数据而"毫无保留"地公开，忽略了必要的数据安全屏障建设。因此，应该把数据安全摆在重要位置。例如，设立数据分级管理机制，从而分级分段地管理数据信息的收集、存储、分析、应用等。只有如此才能让数据信息既能有效地应用，又能确保安全可靠。除此以外，数据信息安全的法律制度建设也需要被加强，以条理清晰、内容周全的法律法规确保数据信息的安全，特别是要防止利用大数据进行非法交易。

6.6　大数据应用平台

随着互联网的发展，IT 技术也在不断地更新换代，大数据的应用平台的数量与种类越发丰富起来，并且大数据应用也逐渐延展到每个行业之中，特别是互联网、金融、制造等行业。同时，企业的运营模式以及市场的导向也被大数据在悄无声息地改变着，其所产生的影响惠及到人们的日常生活中。

"大数据"的概念最早出自国外，在经过一系列不断的发展后，一批新型大数据技术兴起，这也包括了大数据分析类、大数据处理类等，一大批大数据厂商也应运而起。其中备受瞩目的是热门的大数据分析技术，它能够直接应用到各大企业的生产经营中，为企业带来直接有效的帮助。

对于当前存在的许多大数据平台，我们可以从大数据处理的数据类型、大数据处理的过程、大数据处理的方式以及平台对数据的部署方式这几方面进行大数据平台分类。

从大数据处理的方式来划分，可以把大数据平台分为批量处理、实时处理、综合处理。

其中批量处理是对成批数据进行一次性处理，而实时处理对处理的延时有严格的要求，综合处理是指同时具备批量处理和实时处理两种方式。这样使得大数据处理系统更容易区分。

从大数据处理的过程来划分，可以把大数据平台分为数据挖掘分析、数据存储、为完成高效分析挖掘而设计的计算平台。它们完成 ETL、数据采集、结构化处理、存储、挖掘、分析、预测、应用等功能。

从大数据处理的数据类型来划分，可以把大数据平台分为针对非关系型数据、关系型数据、半结构化数据、混合类型数据处理的技术平台。这些在很多企业中经常使用。

下面介绍几个业内较为常见的数据平台。

（1）星环 Transwarp。星环 Transwarp 是一个以 Hadoop 生态系统为基础的大型数据平台公司，曾经被 Gartner 魔力象限列入名单，它的潜力不容忽视。星环科技在技术上优化了 Hadoop 不稳定的部分，改进了功能，提供了 Hadoop 的企业大数据引擎。

（2）Smartbi 软件。Smartbi 是国内商业智能 BI 行业的领导者，也是国内的大数据平台厂商里的佼佼者。经历了多年的持续发展，Smartbi 拥有丰富的实践经验，同时整合了各行各业的数据与决策功能需求，用更优质的产品和服务满足需求，实现各大行业的大数据类型的转变，满足了最终用户数据可视化分析、企业级报表、数据挖掘建模、自助探索分析、AI 智能分析等大数据分析需求。该产品广泛应用于 KPI 监控看板、领导驾驶舱、销售分析、财务分析、生产分析、市场分析、风险分析、供应链分析、质量分析、精准营销、客户细分等管理领域。

（3）友盟 +。友盟 + 是第一个第三方的全域大数据服务供应商，可以全面覆盖无线路由器、PC 等多种设备，为企业提供基础操作、数据决策、统计分析等全业务链的数据应用解决方案，帮助企业进行数据化操作和管理。

（4）TalkingData。TalkingData 属于独立的第三方品牌。它的产品与服务涵盖了综合数据管理、公共数据查询、移动应用数据统计等许多极具针对性的产品与服务。在电商行业、互联网、银行有广泛的数据服务应用。

（5）GrowingIO。GrowingIO 是一种基于 Internet 用户行为的数据分析产品，具有无埋点数据采集技术，可通过如点击记录、网页与 App 的浏览轨迹、鼠标滑动轨迹等行为数据，对用户数据进行实时分析，用于优化产品体验，实现精益化操作。

（6）网易猛犸。网易猛犸大数据平台提供了海量应用开发的一站式数据管理平台，其中还包含了大数据开发套件和 Hadoop 发布。该套件主要包括任务操作、数据开发、多租户管理以及自助分析等。

（7）阿里数加。阿里数加是由阿里云发布的一站式大数据平台，覆盖了商业智能、企业数仓、数据可视化、机器学习等领域，可以提供数据深度融合、数据采集、计算和挖掘服务，通过可视化工具进行个性化的数据分析和图形展示，但是需要捆绑阿里云才能使用，部分体验功能需要有一定的知识基础才能使用。

（8）神策数据。神策数据在技术上提供开放的查询 API 和完整的 SQL 接口，同时与 MapReduce 和 Spark 等计算引擎无缝融合，随时以最高效的方式来访问规范、干净的数据。

大数据技术呈现之初所要解决的问题就是数据存储与计算。近些年来，数据量的产生速度变得更加快速，使得传统渠道的存储与计算到了瓶颈阶段，而大数据渠道是分布式架构，理论上是能够无限扩展的，所以其能更好地适应时代的发展。

（1）数据同享。运用单一存储架构，可以集中企业内部的一切数据，将其放在一个集群之中，有利于各种事务数据的整合运用的进行，从而充分利用大数据技术全量数据剖析的优势。

（2）资源同享。企业运用单一集群化零为整，将一切可用服务器资源进行整合，并一致对外提供所有的能力，实现细粒度的资源调度机制。因为只需要维护一个集群，所以其运维成本较低。

（3）安全保证。通过一致安全架构，在单一集群架构基础上完成细粒度的资源阻隔，对不同人员进行不同程度的授权。

（4）服务同享。通过一致服务架构，可将一套一致服务设计规则应用到一切的服务完成上。比如，一张表数据既可以用文件方式同享，也可以用接口方式同享，而服务架构一致后，各部门能以相同方式进行调用，避免烟囱式架构，有效降低了重复开发的成本。

练习 6

1．大数据在互联网行业的应用有哪些？

2．列举身边金融行业大数据应用的实例。

3．你在出游时，是否有过使用大数据的案例和契机？请举例说明。

第 7 章　大数据安全

本章导读

在大数据的时代背景下，各行各业的数据规模都呈现出 TB 级的增长趋势，拥有高价值数据源的企业在大数据产业链中占据核心地位。在实现大数据集中后，如何保证网络数据的可用性、完整性及保密性和如何确保数据不发生信息泄露或非法篡改等安全事故，已成为政府机构、事业单位信息化健康发展所需考虑的重点问题。目前，防护大数据信息安全的技术有数据库加密（核心数据存储加密）、数据资产梳理（对数据库、敏感数据等进行梳理）、数据脱敏（将敏感数据匿名化）、数据库漏扫（检测数据安全的脆弱性）、数据库安全运维（防止运维人员恶意和高危操作）等。

本章要点

- ♀ 大数据安全的重要意义
- ♀ 大数据面临的挑战
- ♀ 大数据的安全威胁

7.1　大数据安全的重要意义

信息安全是指信息系统受到保护，不遭受偶然或恶意因素的破坏、更改、泄露，系统连续可靠正常地运行，信息服务不中断，并最终实现业务连续性，其中包括人、物理环境、基础设施、硬件、软件及其数据。

信息安全主要有五个方面：①确保信息的保密性；②确保信息的真实性；③确保信息的完整性；④未授权拷贝；⑤所寄生系统的安全性。信息安全本身涉及的范围非常广阔，其中包括如何防范青少年对不良信息的浏览、防范商业企业机密泄露、个人信息泄露等。确保信息安全的关键是网络环境下的信息安全体系，包括计算机安全操作系统、各类安全协议、安全机制（数据加密、消息认证、数字签名等）甚至安全系统（DLP、UniNAC 等），任何部分存在安全漏洞都会威胁全局安全。

大数据本身的安全在信息安全范畴之内，同时受运营管理的影响，因此大数据安全会涉及法规、制度、标准、管理等。由于大数据相对来说属于一种新鲜事物，因此相应的法规、制度、标准等必然落后于实践，但在它们被完善之前并不会因此落下大数据的发展，而是选择一边加强和完善与大数据相关的法制建设，一边发展大数据，希望能形成一个良性循环。

从信息安全的角度来说，大数据安全可以看作一个数据安全治理问题，包括数据库审计和保护、数字版权管理、数据丢失防止、移动数据保护等。有的问题可以从过去的数据存储管理成果中得到解决，但显然，大数据提出了许多新问题，例如大数据在量的方面的发展，使得其安全问题的重要性远远超过了过去的数据安全。

大数据在质的发展上也带来了许多新的安全问题。众所周知，大数据类型繁多，存在很多格式，有许多来源，当把这些不同类型的庞大数据融合在一起进行实时处理时，不仅对处理技术是一个挑战，而且对处理的合规合法性也是一个挑战。

无论对于国家、社会、企业还是个体来说，数据安全都具有重要意义。

（1）研究大数据安全，需要变革安全理念。目前，国内外的各行业都面临的一个共同挑战是如何处理好数据的规模与效率、隐私与共享、应用与保护、安全和发展、封闭与开放的关系。国家密码管理局副局长徐汉良认为，在研究大数据安全时，需要对安全理念进行变革。由于大数据安全在基础设施、数据平台、计算处理与行业应用中都涉及数据的产生、传输、存储、处理、分析及使用，因此必须从全生命周期、全体系平台、全产业链条等层面上解决不可控不安全的问题，确保数据运行安全、计算安全以及使用安全。在数据安全构建的同时要加强国家重要项目、重大战略及安全可靠应用，开创新的标准契合、政策配合、战略融合的合作局面。与此同时，也要鼓励广大用户在保障安全的前提下，积极营造产业新业态——支持创造、助力创新。

（2）人工智能是一把双刃剑。中国互联网协会理事长邬贺铨认为，既然黑客能够在网络上大幅度地非法获取用户数据，包括姓名、身份证、密码、位置，那么我们也可以利用大数据技术改进风险防范技术。未来在数据安全领域上，人工智能可以发挥巨大作用。

像"双刃剑"一般的人工智能，既能被用于发现漏洞，也能被黑客用于找出网络的漏洞。邬贺铨建议在数据安全建设上，由于数据安全推动法规制度的建设，因此需要加强对法律的统筹协调，加快对法规制度的建设，完善数据产权保护力度。《大数据产业发展的规划》虽然对大数据开发利用建立了基本的规范，但还有待于完善。

（3）数据治理要区分好主次。中国社会科学院法学研究所研究员周汉华认为，在大数据时代，数据治理是一个异常复杂的难题，尤其是个人数据的决定权问题，即数据主体的参与问题。要在合规、安全、权利实现等不同的视角中区分主次，以发育有效的内生机制为核心，对个人数据进行保护。循序渐进能够使激励相容的合力得以形成，控制者维护数据安全的积极性得以调动，规则成本下降，基本的安全目标能快速实现，有利于监管部门集中执法力量聚焦核心，缓解热点问题，避免执法力量分散，所以数据的治理也要区分主次。

（4）网络安全技术创新进入第三代。360 政企安全集团董事长齐向东认为，建立数据安全新秩序有两方面内容：一方面是数据本身的安全秩序，另一方面则是数据安全的新秩序。他说："所有攻击都能突破网络边界，但只要把大数据保护好，网络攻击成功不代表数据受损失，不过最重要的是，要最快地把网络威胁检测出来，进行快速响应，所以威胁检测非常重要。"人工智能只可以替代人工检测的二分之一，而"人＋机器"才是最佳模式。在"人＋机器"的模式体系下，以大数据应用场景为核心，集中地进行第三代网络安全技术的整体创新突破，未来大数据时代的网络安全问题才能够得到解决，全新的数据网络安全新秩序才得以构建。

（5）大数据与安全相互成全。将大数据用于提高安全性与保证大数据安全都非常重要。由于早期的 Hadoop 版本并没有考虑到安全问题，因此企业安全团队将数据湖与分析移入受保护的子网，进一步封锁服务器影像是十分必要的。任何人都可以注册系统服务、提交作业或查看节点上存储的数据。安全是从审计到接入控制，再到加密数据及隔离工作与数据中一点一点加入的，所有参数都由 Kerberos 定义。

对大数据架构的支持与服务以及越来越多的安全厂商不断发现其问题并持续进行修补、弥合差距。直至 2014 年，静止数据的加密才符合 Hadoop 的标准，在此之前，都是厂商将其作为增值功能来提供的。例如 IBM 与惠普等供应商为其大数据架构创建安全附件，尝试令企业能够更安全地使用大数据。

企业在采用大数据架构并将其用于安全这一方面尚需长期的发展时间及攻破更多的难题，要走的路还很长。尽管大数据安全近年的发展颇为顺畅，无论是数据供给、部署案例还是平台都在持续发展，但企业安全团队要小心保护这些分析工具，就像保护其他安全一样。

（6）数权时代正在向我们招手。我们通常将大数据看成一种新技术、新能源、新的组织方式。假如用另一种视角将大数据看作一种权利，由这种权利构建制度和秩序，就会发现对于人类未来生活的意义来说，大数据的价值是充满无限可能的。数权法奠定了从数据时代走向数权时代的基石，构建数据安全新秩序，关键是构建数据共享、隐私保护和社会公正之间的新型关系。

7.2　大数据面临的挑战

随着大数据在企业或事业单位的应用越来越广泛，人们对大数据及大数据价值也有了更多的认知。大数据已经成为了一种新的经济资产，并且被称为"新世纪的矿产与石油"，同时它也为整个社会带来了全新的商业模式、投资机会及创业方向。

大数据时代，组织和企业会更多地依靠数据分析而非经验和直觉来制定决策。因此，能否充分挖掘并有效利用数据价值成了每个组织或企业在市场中是否有强大竞争力的判定法则之一。每个人的身边都有不少能通过挖掘数据价值，提升组织或企业竞争力的客户。像所有的科学技术一样，大数据也是一把双刃剑，能否合理利用成了其剑锋所向的分界点。

正如前文所提，移动设备的介入使得企业负担了重大的安全隐患压力，企业的安全备受挑战。

企业是供应链中的一部分，而且这个供应链具有复杂性及全球性。信息将供应链的每一部分都紧密地联系在一起，包括数据、商业机密以及知识产权。供应链内部信息的泄露会给企业带来经济和名誉上的重大损失，因此信息安全也越来越被重视。

各类技术都在考虑其安全性，并争取从中找到契合点。大数据与云计算也都在寻求安全与各类技术有效融合的方法。当大数据将安全性纳入考虑范围时，一个全新的安全生态系统应运而生，并且伴随着大数据生态系统的成熟渐渐在我们眼前清晰地展开，创新的动力与资本运作驱动着安全不断地发展。

数据开发受数据信息"安保"的直接影响。不可否认的是，信息化程度越高，信息安全风险就越大。如果无法确保数据信息的安全，实现数据信息"安保"，数据的开发将会成为一场灾难。数据安全问题困扰着全球，对于我们国家来说，更是巨大的挑战。

大数据时代的数据存在动态增长、分布广泛、多源异构、先有数据后有模式等特点。这些特点与传统的数据管理截然不同，这也使得大数据时代下的数据管理出现了新的挑战，大致可分为数据分析的挑战、数据集成的挑战、大数据能耗的挑战、数据隐私与安全的挑战。

（1）数据分析的挑战。大数据时代下数据量的增长如洪水般给传统分析技术带来巨大冲击与挑战，大数据在数据分析方面所面临的挑战主要有以下三个方面：

1）先验知识的缺乏。传统的数据分析主要针对结构化数据展开，这些数据在以关系模型进行存储的同时就隐含了这些数据内部关系的先验知识。例如，我们知悉所分析对象具有的属性，那么在进行数据分析之前，我们已经能够根据属性对其可能的取值范围有一定程度的了解。而在面对大数据分析时，半结构化数据与非结构化数据的存在使得我们难以构建出这些数据的内部关系，同时，还有大量数据以流的形式源源不断地输入，这些需要实时处理的数据很难有足够的时间去建立先验知识。

2）数据处理的实时性。数据中所蕴藏的知识价值往往随着时间流逝而衰减，因此实时处理数据在许多领域中都有很大的需求。实时处理的模式选择主要有三种思路，即批处理模式、流处理模式以及批处理与流处理相融合模式。尽管已经存在了许多研究成果，但目前仍没有一个通用的大数据实时处理框架。

3）动态变化环境中索引的设计。关系型数据库中的索引能够加快查询速度，但传统数据管理中的模式基本不会发生变化，因此在其上构建索引需要考虑的主要是更新的效率、索引创建等。大数据时代的数据模式可能随着数据量的不断变化而变化，因此索引的结构要求设计简单、高效，并要求能在数据模式变化时快速调整适应。目前，存在一些通过在NoSQL 数据库上构建索引来应对大数据挑战的方案，但总的来说，这些方案基本都有特定的应用场景，且这些场景的数据模式不太会发生变化。而在动态变化环境中的主要挑战，便是在数据模式变更的假设前提下设计新的索引方案。

（2）数据集成的挑战。大数据在数据集成方面的挑战主要有两个，即数据质量与广泛的异构性。

1）数据质量：数据量的大小不能代表信息量或数据价值的大小，甚至相反，数据量越大，反而会造成信息垃圾泛滥。

2）广泛的异构性：数据产生方式的多样性带来的数据源变化。数据类型从以结构化数据为主转向半结构化、非结构化、结构化三者的融合。

（3）大数据能耗的挑战。现如今，数据中心规模不断扩大，能源价格上涨，大数据的发展也受到了高耗能的制约，达到了瓶颈。从大规模数据中心到小型集群都迫切需要降低耗能，但此问题尚未引起足够的重视，因此相关的研究成果也较少。在大数据管理系统中，能耗主要由硬件能耗与软件能耗两部分组成，而硬件能耗占主要位置。理想状态下，整个大数据管理系统的能耗应该和系统利用率成正比，但实际情况并不理想，即使系统利用率为零时仍然存在能量消耗。

从目前一些已有的研究成果来看，改善大数据能耗问题可从两个方面入手：①引入可再生的新能源；②采用新型低功耗硬件。

（4）数据隐私与安全的挑战。大数据在数据隐私与安全方面的挑战包括数据动态性、数据公开与隐私保护的矛盾和隐形的数据暴露。

1）数据动态性。现有隐私保护技术主要基于静态数据集，而实际上，数据内容与数据模式每时每刻都在发生变化，因此在这种更加复杂的环境下实现对动态数据的利用和隐私保护将更具挑战。

2）数据公开与隐私保护的矛盾。如果仅仅为了保护隐私就将所有的数据都加以隐藏，那么数据的价值根本无法体现。数据公开是非常有必要的，大数据时代的隐私性主要体现在进行有效的数据挖掘的同时不暴露用户敏感信息，这有别于更加关注文件的私密性等安全属性的传统信息安全领域。但隐私与数据信息量之间是存在矛盾的。Dwork 在 2006 年提出了新的差分隐私方法，差分隐私保护技术可能是解决大数据中隐私保护的一个方向，但是这项技术离实际应用还很远。

3）隐形的数据暴露。大数据时代的隐私保护面临着技术和人力层面的双重考验。

我们也可以将以上四类挑战详细地说成所需要面对和解决的问题。

（1）数据质量必须进行持续维护并清理、准备、保护、审核大数据以确保合规性。企业在执行以上任务时难以在数据输入速度如此大的情况下确保最佳数据质量。在某些情况下，企业只是简单地对输入的大数据进行存储，并未做过多处理，从而造成数据污染。另外，不正确的数据会增加基于错误信息进行业务决策的风险。首先，定义用于数据清理和准备的业务规则，并寻找可以为企业执行数据准备任务的自动化工具；其次，确定绝对不需要的数据，并在数据收集流程的前端建立数据清除自动化功能，以在数据到达网络之前将其抛弃。

（2）平台整合大数据集成通常是将不同来源的数据集成到业务个人能使用的"事实单一版本"中。管理多类型的大数据以及各类不同的硬件与软件平台对于 IT 人员来说同样具有挑战性。后端分布式数据存储的种类繁多，而平台本身对其中一些分布式数据的存储并不支持。根据数据存储，IT 人员必须用不同的 API（主要基于 Python）来处理这些情况，但这不是最佳选择。开发人员必须不断更改每个数据存储区的程序，才能将数据存储在不受支持的数据存储区中并能够进行访问，这样的操作会使开发周期变得缓慢，并使客户从数据中获取洞察的时间更长。

（3）访问和安全。谁可以访问哪些数据以及获得什么级别的权限？例如，文档管理系统包含基于文本的文档、图像、视频和工程图，谁可以访问哪些文件？谁可以修改哪些文件？这是一个政策或政治问题。必须在 IT 和最终用户之间的静坐会议中解决此问题，以确定谁应该获得访问权限。最少应该每年召开一次会议，尤其是要有大量数据进入时。

7.3　大数据的安全威胁

在 OpenSSL "心脏出血"漏洞、小米社区用户信息泄露、携程信用卡信息泄露等事件中，大量用户的信息数据被盗，导致用户网络银行账户被非法入侵。这些目前发生在个人身上的事情如果发生在国家政务或财政等有关部门的数据平台系统上，对国家网络安全造成的损失及后果将不堪设想。在大数据时代背景下，我国网络安全所面临的安全威胁是多重的。

在大数据环境下，各行业及领域的安全需求正在发生改变，从数据采集、整合、提炼、挖掘到数据发布，这一流程已经形成新的完整链条。对产业链中的数据进行安全防护的难度随着数据量增大及数据的进一步集中而不断提高。同时，数据的分布式、协作式、开放式处理也加大了数据泄露的风险。如何在大数据应用过程中确保自身及用户信息数据不被泄露将是企业所要长期重点考虑的问题。然而，现有的信息安全手段已不能满足大数据时代的信息安全要求，安全威胁将逐渐成为制约大数据技术发展的瓶颈。

威胁一：数据存储安全和事务日志安全。在传统数据库下，DB 可以直接得知数据的修改与迁移情况，但是在大数据下，由于数据变化的范围、种类以及速度无法同时讨论，因此 DB 不能够容易地跟踪数据的变化。

威胁二：非关系数据库的安全实现。由于大数据来源混杂、类型繁多，难以使用传统的关系型数据库进行体现，NoSQL 数据库因此出现并获得快速发展。由于 NoSQL 数据库在设计实现时重点考虑了分布式数据库的实现，并没有单独设立安全功能模块，而是在实际中将安全功能作为中间件来实现。NoSQL 本身没有提供针对安全功能的任何扩展机制，云环境下的复杂问题对 NoSQL 的安全性提出了诸多挑战。

威胁三：分布式编程框架下的安全计算。大数据需要用到大量分布式计算，如 MapReduce 框架，其最著名的实现即 Hadoop。将数据分成多个块，针对每个块先做映射（Mapper）处理，得到一系列的键值对（Key-Value），然后再由 Reducer 聚类同一个 Key 的值，得到结果。这个过程中容易出现两个问题：一是 Mapper 的运算是否正确将直接影响 Hadoop 计算结果的正确性，如果存在意外错误或恶意的 Mapper 干扰，将会直接导致最终数据的错误；二是数据在第一轮 Mapper 的过程中，有可能得到特殊的 Key-Value，从而泄露数据用户本身的部分隐私。

7.3.1　大数据基础设施安全威胁

大数据的应用需要大数据环境的支持，因此我们需要创建支持大数据环境的基础设施，包括一体机、运算设备、存储设备及其他基础软件（如虚拟化软件）等。例如，收集数据源需要高速网络的支持，存储海量数据需要大规模存储设备的支持，对数据进行的分析与应用还需要各种服务器和计算设备的支撑，这些基础设施均具有虚拟化与分布式等特点。这些基础设施给用户带来各种大数据新应用的同时也产生了巨大的安全威胁。

从 2005 年至 2020 年，中国数字经济总体规模由 2.6 万亿元增长至 39.2 万亿元，数字经济在 GDP 的占比也由 14.2% 提高至 38.6%。随着数字经济的蓬勃发展，数据已经成为当之无愧的关键生产要素，是战略性资源，也是基础性资源。

作为国家级信息安全研究与推进机构的国家工业信息安全发展研究中心，联合华为技术有限公司共同研究编制了《数据安全白皮书》，对我国的法律法规体系、防护关键技术、安全产业基础现状进行了完整全面的分析，从强化法律法规在数据安全主权的支持保障作用、加快研究和应用数据安全防护技术、提升数据安全产业基础能力等三个方面展望数据安全的发展未来，提出了数据安全发展倡议，为行业发展提供参考与借鉴，积极推动我国有序开展数据治理工作。

国家工业信息安全发展研究中心副主任郝志强在发布仪式中表示，以数字化转型整体驱动治理方式、生活方式和生产方式变革，加快数字政府、数字社会、数字经济建设，取得了显著成效。与此同时，安全发展在我国数字化建设中始终贯彻，数据安全已经上升到国家安全的战略高度。

华为数据存储与机器视觉产品线副总裁庞鑫在发布仪式上表示，客户业务持续发展的核心资产是价值数据，稳定的数据存储平台才能支撑企业的长期发展，存储的读写性能决定了上层应用的性能和用户的体验。因此，存储作为 IT 数据基础设施堆栈的底座，对保障数据安全可靠非常重要。此外，庞鑫也从存储网络安全、存储介质安全、软件可信、软件安全、存算分离、数据灾备安全等六个方面介绍了华为对全方位构筑数据安全的理解和建议。

此外，《数据安全白皮书》还发出倡议，产业界围绕国家数据安全战略，将数据安全产业基础能力进一步提升，将数据安全法律规范与标准进一步健全完善，加速数据安全防护技术的研究及应用，构筑数据安全战略国际领先，向国际推出数据安全中国方案。

1. 信息泄露或丢失

数据在传输的过程中存在泄露或丢失的风险。例如，利用电磁泄漏或搭线窃听等方式截获机密信息，或通过对通信频度、长度及信息流量、流向等参数进行分析，窃取有用信息等。数据在存储介质中也存在泄露或丢失的风险，例如网络黑客通过建立隐蔽隧道窃取敏感信息等。

2. 非授权访问

非授权访问即在未经同意的情况下使用计算机资源或网络。例如，故意避开系统访问控制机制，对网络设备及资源进行异常操作，或在未经允许的情况下扩大使用权限，越权访问信息。非授权访问的主要形式有身份攻击、假冒、非法用户进入网络系统进行违法操作，以及合法用户以未授权方式进行操作等。

3. 网络基础设施传输过程中破坏数据完整性

大数据所采用的虚拟化与分布式架构比传统的基础设施的数据传输更多。大量数据在一个共享的系统里被集成及复制，在传输过程中，如果数据的加密强度不够，攻击者就能通过实施嗅探、中间人攻击、重放攻击来窃取或篡改数据。

4. "拒绝服务"攻击

当网络服务系统被不断地进行干扰、正常的作业流程被改变及被执行无关程序时，系统响应就会变得迟缓，合法用户的正常使用会受到影响甚至遭到排斥，无法得到相应的服务。

5. 网络病毒传播

黑客通过信息网络传播计算机病毒，对虚拟化技术的安全漏洞进行攻击，利用虚拟机管理系统自身的漏洞，入侵到宿主机或同个宿主机上的其他虚拟机。

大数据平台在为公众、企业、政府等提供服务时需要依靠互联网。然而，从基础设施的角度来看，中国互联网已经存在一些不可控的因素。例如，Internet 的基础设施之一——域名解析系统（DNS），它不需要记住复杂的 IP 地址字符串就能轻松访问 Internet。

2020 年 1 月，DNS 根服务器遭受攻击，数千万用户在一段时间内无法访问网站。根服务器是全球 DNS 的基础，全世界的 13 个根服务器都在国外并由美国控制。中国尚未完全实现对大数据平台基础软硬件系统的自主控制，但数据库、服务器等相关产品在电信、金融、能源等重要信息系统的核心软硬件实施中占据主导地位。因此，目前中国的信息流是通过对国外企业产品的存储、传输和计算来实现的。相关设备设置更多"后门"，国内数据安全生命线几乎全部掌握在外国公司手中。

据中国安全公司的网站安全检测服务统计，中国网站中 60% 都存在"后门"及安全漏洞。换言之，应用系统及网站的漏洞是大数据平台面临的最大威胁之一。虽然各类第三方数据库或中间件在国内大数据行业中得到了广泛应用，但此类系统的安全状况并不乐观，尚且存在安全漏洞，其网站的错误修复也都不尽如人意。

7.3.2　大数据存储安全威胁

大数据规模的爆发性增长，对存储架构产生了新的需求，大数据分析应用需求也在推动着 IT 技术以及计算技术的发展。大数据的规模通常可达到 PB 量级，其中包括非结构化数据与结构化数据，不仅类型多，其数据的来源更是多种多样，相比传统的结构化存储系统，面向大数据处理的存储系统更能满足大数据应用的新的需求。大数据存储系统还需要具备强大的扩展能力，可以通过增加磁盘或模块存储来扩大容量，扩展操作要求便捷，甚至不停机就能操作。在这样的背景下，Scale-out 架构备受青睐。

Scale-out 架构是指根据不同的需求增加相应的存储应用与服务器，依靠多部服务器、存储协同运算、负载平衡及容错等功能来提高运算能力及可靠度。Scale-out 架构可以实现无缝平滑的扩展，避免产生"存储孤岛"，这与传统存储系统的烟囱式架构完全不同。

在传统的数据安全中，非法入侵的最后环节是数据存储，目前已形成相对完善的安全防护体系。大数据对存储的需求主要体现在大规模集群管理、海量数据处理、低延迟读写速度与较低的建设及运营成本方面。大数据时代的数据非常繁杂且数据量巨大，在数据被有效利用之前保证这些信息数据的安全是一个重点话题。在数据应用的生命周期中，数据存储是一个关键环节，数据停留在此阶段的时间最长。

目前，可采用非关系型（Not only SQL，NoSQL）数据库和关系型（SQL）数据库进行数据存储。而在现阶段，大部分企业都选择采用非关系型数据库来存储大数据。

1. 关系型数据库存储安全

关系型分布式数据库的理论基础是 ACID（Atomicity 原子性、Consistency 一致性、Isolation 隔离性、Durability 持久性）模型。事务的原子性指的是要么将事务中包含的所有操作全做，要么全不做。事务的一致性指的是在事务开始前与结束后，数据库都处于一致性状态。事务的隔离性要求系统必须保证事务不受其他并发执行的事务影响。例如对于任何一对事务 T1 与 T2，在事务 T1 看来，T2 不是在 T1 开始之前已经结束，就是在 T1 完成之后才开始执行。事务的持久性指的是一个事务一旦成功完成，它对数据库的改变一定是永久的，即使系统遇到故障也不会造成丢失。数据的重要性决定了事务持久性的重要性。

由关系型数据库的 ACID 模型可知，传统的关系型数据库可以通过集群提供较强的横向扩展能力，但因为通用性设计，在性能上存在一定限制。关系型数据库具有数据强一致性保障，较强的结构化查询与复杂分析能力，还具备较强的并发读写能力和具有标准的数据访问接口。除此以外，关系型数据库的优点还有：

（1）更安全便捷。关系型数据库的权限分配和管理，使其安全性相比以往数据库更胜一筹。

（2）易于维护。关系型数据库具有优秀的完整性，包括用户定义完整性、参照完整性和实体完整性，极大地降低了数据不一致和数据冗余的概率。

（3）便于访问数据。关系型数据库提供了触发器、索引、存储过程、视图等对象。

（4）操作方便。关系型数据库通过后台连接和应用程序，方便用户操作数据。

通常，数据结构化对于数据防护和数据库开发有十分重要的作用。结构化的数据便于处理、分类、加密和管理，能够很好地对非法入侵数据进行智能分辨，数据结构化虽不能彻底避免数据安全风险，但能增强数据安全防护的效果。

关系型数据库所具有的 ACID 特性使可靠的数据库交易处理得到保证。关系型数据库通过集成的安全功能保证数据的可用性、完整性和机密性，例如基于角色的数据加密机制、支持行和列访问控制、权限控制等。关系型数据库也存在很多难题，包括无法对半结构化与非结构化的海量数据或多维数据进行有效处理、支撑容量有限、建设和运维成本高、数据库的可扩展性和可用性低、高并发读写性能低等。

2. 非关系型数据库存储安全

大数据本身的特性往往会使得我们在采用传统关系型数据库管理技术时，会面临数据快速查询困难、扩展性差、成本支出过多等问题。非结构化数据占数据总量的 80% 以上，通常采用 NoSQL 技术对其进行处理、存储和管理。NoSQL 包含大量不同类型结构化数据和非结构化数据的存储。非关系型数据库的理论基础是 BASE 模型，这与关系型分布式数据库的 ACID 理论基础相对。BASE 模型来自互联网电子商务领域的实践，它是基于 CAP 理论逐步演化而来的，核心思想是即便不能达到强一致性（Strong Consistency），但可以根据应用特点采用适当的方式来达到最终一致性（Eventual Consistency）的效果。BASE 是 Basically Available（基本可用）、Soft State（柔性事务 / 软状态）、Eventually Consistent 三个词组的简写，是对 CAP 中 CA 应用的延伸。BASE 与 ACID 模型完全不同，牺牲强一致性，获得基本可用性和柔性可靠性性能，并要求达到最终一致性。

根据 NoSQL 理论基础可知，因为数据具有多样性，所以 NoSQL 数据并不是通过标准 SQL 语言进行访问的。NoSQL 数据存储方法的主要优点是数据存储的灵活性、数据的可用性与可扩展性。为使确保数据的可用性，每个数据镜像都存储在不同的地点。NoSQL 的缺点也很明显——需要应用层来保障数据一致性，结构化查询统计能力也较弱。NoSQL 所带来的安全挑战体现以下四个方面。

（1）系统成熟度不够。虽然 NoSQL 可以从已经饱受过安全问题困扰的文件服务器系统与关系型数据库趋于成熟的安全设计中学习经验教训，但在未来几年内，NoSQL 都不可避免地会存在各式各样的漏洞。

（2）数据冗余和分散性问题。关系型数据库将数据存储在相同位置，与之不同的是，大数据系统采用一种完全不同的模式，将数据分散在不同服务器、不同地理位置中，以实现数据的优化查询处理与容灾备份。但这种情况会使定位保护数据的工作变得更加困难。

（3）客户端软件问题。NoSQL 服务器软件并未内置足够的安全机制，所以必须对访问这些软件的客户端应用程序提供安全措施，但同时会产生其他问题：

1）SQL 注入问题。困扰着关系型数据库应用程序的问题又会继续困扰 NoSQL 数据库，网络黑客会利用 "NoSQL 注入" 对受限制的信息进行非法访问。在 2011 年的 Black Hat 会议上，研究人员对黑客非法访问信息的操作进行了展示。

2）代码容易产生漏洞。市面上有很多 NoSQL 产品和应用程序，应用程序越多，产生的漏洞就越多。

3）身份验证和授权功能。为客户端提供的安全措施会让应用程序变得更加复杂。例如，应用程序需要定义用户和角色，并且需要决定是否向用户授权访问权限。

（4）模式成熟度不够。目前的标准 SQL 技术包括严格的访问控制与隐私管理工具，但在 NoSQL 模式中却不存在如此的要求。实际上，NoSQL 无法沿用 SQL 的模式而应该有属于自己的新模式。例如，相比于传统的 SQL 数据存储，列和行级的安全性在 NoSQL 数据存储中更为重要。此外，NoSQL 允许不断对数据记录添加属性，需要为这些新属性定义安全策略。

尽管非关系型数据有着读写快速、成本低廉且扩展简单的优势，其劣势也依然是非常明显的，例如产品尚未完全成熟，不支持 SQL；没有强有力的技术支持，难以实现数据的完整性等。因此开源数据库从出现到用户接受需要一个漫长的过程。

大数据的安全存储技术支持全密文操作、细粒度访问控制和数据灵活共享的数据库加密技术。数据库加密技术的技术思路大致如下：重点解决数据库中面临的数据安全问题，将焦点集中在云端数据库加密存储系统的研发上，加快实现数据在处理过程中的全密文，提出基于安全代理重加密的密文存储或计算通用架构、密文数据代理、重加密技术轻量级安全通信协议，保证数据存储安全；需要具有灵活的部署模式和优秀的可扩展性；通过代理服务器实现数据验证管理、密钥管理、元数据管理、用户定制加密管理等功能。

在大数据的存储平台上，数据量的增长速度是非线性增长甚至是指数增长的，对大量不同类型、结构的数据进行数据存储，一定会引发多种应用进程的并发且频繁无序的运行，非常容易造成数据管理混乱和数据存储错位，这使得大数据的存储与后期处理都存在巨大的安全隐患。当前的数据存储管理系统能否满足大数据背景下的海量数据的数据存储需求，还有待考验。但如果数据管理系统没有相应的安全机制升级，则极大可能会出现问题。

7.3.3 大数据的隐私泄露

随着互联网的发展，中国的网民数量位居世界第一，但网民对个人隐私保护的防范意识依然较低。网络上的用户个人信息所涉及的范围较广，其中包括姓名、性别、身份证信息、住址、邮箱，甚至账号密码、行踪轨迹及财产状况等。如今的 App、小程序等都很发达，比如，使用地图类软件会留下足迹、使用共享单车需要实名认证等。

欧盟在 2018 年的 5 月底发布了新的个人数据保护规定，违反规定将被处以相当于当时全球营业额 4% 的罚款。此外，新规还赋予欧盟公民知晓商业公司获取了他们哪些个人数据并有权索取一份数据副本的权利，消费者也有权将个人信息从一家服务商转移到另一家。

同年国内，公安部就《公安机关互联网安全监督检查规定（征求意见稿）》公开征求意见。意见稿拟规定，互联网服务提供者非法出售、窃取、提供个人信息，即使没有构成犯罪，也没有违法所得，依然会被罚款最高一百万元。意见稿中提到，公安机关在互联网安全监督检查中，发现互联网服务提供者和互联网使用单位，窃取或者以其他非法方式出售、获取或非法提供个人信息给他人，尚不构成犯罪的，应当依照《网络安全法》规定，处违法所得一倍以上十倍以下罚款，没有违法所得的，处一百万元以下罚款。

1. 大数据时代保护个人隐私的三原则

（1）企业利用万物互联技术给用户提供信息服务时，必须把所收集的用户数据进行安全传输和存储，这是企业应尽的义务与应承担的责任。

（2）在使用用户信息前必须让用户知情并同意，遵循"平等交换、授权使用"原则。泄露用户数据是非法行为，也是不道德行为。

（3）虽然这些信息存储在不同的服务器上，但必须明确这些数据的拥有权应该是属于用户的，就像财产所有权一样，以后个人隐私数据也会有所有权。

我国正在从网络大国向网络强国迈进，伴随发展出现的新事物、新业态、新问题会越来越多，互联网治理是个任重道远、变量颇多的漫长过程。

2. 隐私数据泄露已成为互联网时代全球重大的社会问题

数据隐私泄露的严峻现实迫使我们不得不对此做出回应。近年来，大数据的运用日渐频繁，其技术手段也趋于成熟，但随之而来的却是隐私泄露那令人咋舌的恐怖状态。据不完全统计，隐私数据泄露的各类案例已经多达数百万起，受隐私数据泄露影响的人数已达数十亿。仅 2018 年以来，隐私数据泄露的总量就达到数百亿条，并且有不断增加的趋势。隐私数据泄露的频次也越来越密集，由 2013 年以前的偶发变为密集性常态。

案例一

安全研究者 Sanyam Jain 先后 5 次发现 Elasticsearch 服务器不安全。第 1 台服务器存储着中国用户的简历，数量达到 3300 万份。他向中国国家计算机应急响应小组（CNCERT）报告了此问题，数据库在 4 天后得到了修复。第 2、3、4 台服务器分别存放了 8480 万、9300 万、900 万份中国用户的简历，在 CNCERT 的帮助下，问题都得以解决。第 5 个泄露点是 Elasticsearch 服务器集群，里面存放着超过 1.29 亿份简历。Sanyam Jain 无法确认所有者，但数据库仍为开放状态。

案例二

2018 年 8 月，公安局侦破一起特大流量劫持案，涉案的北京瑞智华胜科技股份有限公司涉嫌非法窃取用户个人信息（数量高达 30 亿条）、非法操控公众账号进行加粉或关注，涉及腾讯、百度、阿里巴巴、京东等全国 96 家互联网公司。

案例三

2018 年曝光了市场和数据汇总公司 Exactis 服务器信息暴露事件，泄露数据是容量将近 2TB 大约 3.4 亿条的记录，约涵盖 2.3 亿人。这些泄露的数据所包含信息的隐私程度超乎想象，其中包括个人的宗教信仰、吸烟与否、是否有宠物、何种宠物等。Exactis 事后对数据进行了加密防护，以避免信息的进一步泄露。

案例四　酒店业

2018 年 11 月，万豪国际集团旗下的喜达屋酒店客房预订数据库遭黑客入侵，最多约 5 亿名客人的信息被泄露。经过调查后发现，喜达屋的网络遭遇了第三方的非法访问。未经授权的第三方已复制并加密了某些信息，并试图转移数据信息。据万豪集团披露，泄露的数据信息可能包括大约 3.27 亿名客人的个人姓名、电话号码、护照号码、通信地址、电子邮箱、账户等隐私信息。

案例五　快递业

2018 年 6 月，"暗网"一位 ID "f666666"的用户以 1 比特币打包出售 10 亿条圆通快递数据，该用户表示售卖的数据为 2014 年下旬的数据，数据信息包括寄件人或收件人的姓名、电话、地址等信息，并且这些数据经过处理后重复率低于 20%。有网友验证了其中一部分数据，发现在所购"单号"中的信息属实。

案例六　信息业

2018 年 9 月，研究人员在一个配置错误的服务器上发现了数据库，其中存储着超过 200GB 的数据。该数据库面向公众开放且没有任何防御状态，任何人都能够公开查询或访问其中的数据。研究人员调查后发现，该数据库中存储的是来自 Veeam 公司的约 4.45 亿条客户记录，其中包含客户的个人隐私信息（包括姓名、电话、住址等）。此外，该服务器上提供的其他详细信息还包括部分营销数据，如 IP 地址、当前页面地址（URL）、客户类型与组织规模、来源地址（referrer）以及用户代理等。

案例七　航空业

2018 年 10 月，国泰航空公司及子公司港龙航空共有 940 万名乘客信息遭泄露，包括乘客护照信息、电话号码、过往飞行记录等资料。超过 80 万个护照号码、24.5 万个香港地区身份证号码、403 张已逾期信用卡号码以及 27 张无安全码的信用卡号码被不当取阅。

案例八　综合商业类（含电子商务）

美国功能运动品牌 Under Armour（安德玛）旗下的一款饮食与营养管理 App 及网站 Myfitnesspal 的信息遭遇盗窃，多达 1.5 亿用户的信息被窃取。此次数据泄露事件影响到的用户数据包括用户名、邮箱地址以及加密的密码。

通过梳理以上案例可以得知，隐私数据泄露是一个危及全球各国的国际性重大事件，是一个渗透到社会经济的各个领域的普遍性困境，是一个侵害公民生命财产安全的重大危机，是一个互联网时代法律保护、制度建设、网络安全的新课题，也是尊重隐私权、知识产权、人权等有关新时代文化伦理、商业伦理、网络伦理的理论和实践研究的重大课题。

在 4G/5G 条件下大数据、互联网、云计算、人工智能及物联网等高科技的支撑下，发生了隐私数据的大规模泄露，并迅速发展蔓延。随着技术的进步，我们能清晰地感受到高科技带来的便捷、智能与共享服务的好处。但同时，由于反向的控制、盗窃等技术也日益精细，我们必须面对因隐私数据泄露而带来的巨大威胁。

隐私数据泄露的事件具有爆发性、普遍性、多发性等特征。目前，除了以上提到的大型数据泄露案件以外，中小企业、普通民众也同样会受到骚扰或侵害。

网络黑客公开窃取了存放在云存储服务平台 MEGA 上的 2200 万个密码以及 7.73 亿个电子邮件地址。这些文件超过 1.2 万份，数据超过 87GB。随着技术的不断精进，类似事件的发生频率越来越高。隐私数据泄露往往会引发爆发性事件并且带来极其严重的后果，具有极高的危害程度，通常会同时产生共振效应，引发社会不满或社会动荡，具有广泛且持久的影响力，短时间内难以消除影响。

通常我们所提到的大数据，指的是通过收集并集中存储或用分布式技术，结构化地进行异地存储并集中社会上产生的各类数据。而通常我们最关心的便是大数据是否会泄露个人隐私。每个人都不希望自己的隐私被窥探，不希望把自己的隐私暴露在公众视野中，无论是行为轨迹，还是个人的身份数据，都希望能够被保密。

如今社会每天产生的数据，需要用海量来形容。这个非常抽象，因此难以使用量化指标进行说明。而数量如此庞大的数据，是我们每人在每天参与的所有社会活动时所产生的。如果这些巨量的数据能被很好地利用，那么，对于改进社会、改进自身都具有非常积极的作用，有利于我们社会或人类的进步。

大数据通常包含了大量的用户身份、属性、行为等信息，如果不能在大数据应用的各阶段内很好地保护大数据，则极易造成用户的隐私泄露。此外，由于大数据具有多源性，来自各个渠道的数据均可以用来进行交叉检验。过去的一些拥有数据的企业经常会提供经过部分简单匿名化的数据作为公开的测试集，然而在大数据环境下，多源交叉验证有可能发现匿名化数据后面的真实用户，从而导致隐私泄露。

如今的数据已经被列为物质，它和黄金、石油一样，具有内在的价值属性。因此，在海量的大数据基础上进行大数据分析，就意味着发现更高的价值。这也直接催生了许多提供收集数据、分析数据、出售大数据分析结果服务的公司，间接导致了个人的数据信息在不知不觉当中被收集。例如，当你参加了一个培训，那么立刻就会有许多不同的培训机构打电话询问你是否需要参加其他培训；或者当你购买了一套房后，立刻会接到许多房屋装修、银行贷款等与新房相关的推销电话；甚至是在你没有任何行为的情况下，依然能够通过你的基础数据的分析，预测你可能的行动结果，向你打来电话询问是否需要办理信用卡或购买黄金等。

隐私泄露成为大数据必须要面对且急需解决的问题。现有的隐私保护技术手段尚未完善，除了要建立保护个人隐私的基本规则与相关法律法规，还应当鼓励隐私保护技术的研发、创新以及使用，从技术层面来保障隐私安全，完善用户保障体系，并制定相应的行业标准或公约，推动大数据产品在个人隐私安全方面标准的制定，倡导相关行业在用户个人隐私保护方面保持自律。

3. 大部分数据泄露都发生在数据收集阶段

用大数据分析处理海量数据，是否真正会导致数据泄露？我们可以从逻辑上来判断这个问题。如果个人隐私数据泄露事件发生在大数据分析之前，那么这与大数据之间存在什么关系呢。且不说大数据分析仅仅是一个总量上的趋势与统计分析，其加工分析后的总量数据结果，更是不可能会暴露单条个人数据的具体信息的。举个例子，我们可以用大数据的总量数据结果来得知一袋大米的总体重量是多少，但我们无法得知每一粒米的重量。即使我们知道了总体重量后又得知了大米的数量，并求出每粒大米的平均重量，但这仅仅只是一个均值的代表性数据，并不会导致个体数据的暴露。

由此可知，个人隐私的泄露并非发生在大数据分析阶段，而是发生在在最初的数据收集阶段或后期的数据管理阶段，也就是所谓的"监守自盗"，堡垒最怕的就是从内部被攻破。管理大数据的一方在数据管理过程中，缺乏安全性与制度上的保障，没有把人真正地管理好，导致数据泄露情况发生。隐私数据泄露与大数据本身并没有关系，其根本原因是内部工作人员的主动泄露。

4. 大数据系统有严密的安全加密技术保障，人为因素导致数据的泄露可能性更大

现有的 IT 技术可以说明，由于大数据系统自身原因导致数据泄露的概率很小，大部分的隐私泄露事件都是由于工作者的疏忽或人为主动泄露导致的。为什么说大数据系统自身不容易发生泄露呢？现有的系统都具有非常完善的加密系统，通过破解系统的方式入侵数据库并窃取核心数据几乎是不可能完成的，除非是系统操作或管理的个人出现问题。当数据进行到数据分析阶段时，其安全性已经具备充分的保障，发生数据泄露的概率就会更低。因为数据安全在没有经过科学合理的评估前，没有任何公司或企业会同意上马项目，更何况还有质量监督控制机构。在数据分析之后的阶段，已经形成了总体的指标汇总数据，数据泄露事件的发生会变得更加不可能，因为总量指标不可能推导出个体指标的数据信息。

5. 大数据中的隐私泄露

传统数据安全往往是围绕数据生命周期来部署的，即数据的产生、存储、使用及销毁。目前的大数据应用非常广泛，数据的管理者与拥有者相分离，原来的数据生命周期逐渐转变成数据的产生、传输、存储和使用。大数据的规模是没有上限的，且绝大部分数据的生命周期非常短暂，常规的安全产品若要持续发挥作用，则需要解决如何根据数据存储和处理的并行化、动态化特征，动态跟踪数据边界，管理对数据的操作行为等。

大数据中隐私泄露的表现形式有以下三种：

（1）发生在数据传输过程的用户隐私权侵犯。大数据环境下数据传输更加开放以及更加多元化，传统物理区域隔离的方法无法使远距离传输得到有效的保证，电磁泄漏和窃听将成为更加突出的安全威胁。

（2）发生在数据处理过程的用户隐私权侵犯。大数据环境下部署大量的虚拟技术，可能会导致基础设施的加密措施失效或产生新的安全风险。大规模的数据处理需要完备的访问控制和身份认证管理，以避免数据在未经授权的情况下被非法访问，但资源动态共享的模式无疑增加了这种管理的难度，身份伪装、账户劫持、认证失效、攻击、密钥丢失等都可能威胁用户数据安全。

（3）发生在数据存储过程的用户隐私权侵犯。大数据中用户无法知道数据确切的存放位置，用户无法有效控制其个人数据的使用、采集、分享和存储。

6. 法律和监管

海量数据的汇集导致企业甚至国家机密信息泄露的可能性大大增加，对大数据的无序使用也使得敏感信息泄露的危险性增加。建议在企业层面上，加强内部管理，制定设备安全使用规程，尤其是移动设备，规范大数据的使用方法与流程；在政府层面，加强日常监管，明确重点领域数据库范围，制定完善的重点领域数据库管理与安全操作制度。

黑客或敌对势力窃取数据、攻击大数据平台的主要手段之一就是利用终端恶意代码和恶意软件。目前，来自终端的网络攻击越来越多，终端渗透攻击也成为国与国之间网络战的主要手段。例如，著名的针对伊朗核设施的 stuxnet 病毒，利用 Windows 操作系统的弱点，渗透到特定终端，渗透到伊朗核工厂的内部网络，摧毁伊朗核设施。

此外，还有常见的针对大数据平台的高级持续威胁（Advanced Persistent Threat, APT），它能够精准避开各种传统的安全检测与保护措施，从而窃取网络信息系统的核心数据。Google 及其他 30 多家高科技公司被极光袭击就是一个著名的例子。APT 攻击结合了社会工程、深度渗透、脆弱性、隐蔽性、潜伏期长等特点，其破坏性更强。APT 攻击不仅是未来网络战的主要手段，也是对我国网络空间安全危害最大的攻击手段之一。

7.3.4　大数据的其他安全威胁

美国国家标准和技术研究院对 APT 给出的详细定义是精通复杂技术的攻击者利用多种攻击向量（如网络、物理和欺诈），借助丰富资源创建机会实现自己的目的。这些目的通常包括对目标企业的信息技术架构进行篡改，从而将数据从内网输送到外网完成盗取、阻止或执行一项程序或任务，或是潜伏在目标的架构中伺机偷取数据。

APT 的威胁主要包括维持在所需的互动水平以执行偷取信息的操作；适应防御者从而产生抵抗能力；长时间重复这种操作。简而言之，APT 就是长时间窃取数据。APT 作为一种有组织、有目标的攻击方式，在流程上与普通攻击行为并无明显区别，但在具体攻击步骤上，APT 体现出的特点，使其具备更强的破坏性。

- 攻击持续时间长：APT 攻击分为多个步骤，需要的时间很长，从信息搜集到信息窃取并外传通常需要经历几个月甚至更久。
- 攻击行为特征难以提取：APT 普遍采用 0day 漏洞获取权限，通过未知木马进行远程控制。
- 攻击渠道多样化：目前被曝光的知名 APT 事件中，其方式包括物理摆渡、0day 漏洞利用、社交攻击等。
- 单点隐蔽能力强：APT 尤其注重动态行为与静态文件的隐蔽性，以此很好地躲避传统检测设备。

在新形势下，大数据很可能成为 APT 最主要的攻击目标，而传统的以实时检测、实时阻断为主体的防御方式在面对 APT 所具有的特点时难以发挥有效作用。面对新挑战，必须转换思路，采取新的检测方式，才能与 APT 进行对抗。

除上述威胁以外，大数据面临的安全威胁，还包括如下几个方面：

- 大数据滥用风险。人工智能与计算机网络技术的发展大大地方便了大数据自动收集与智能动态分析。同时，滥用大数据技术也会带来安全风险。大数据本身的安全防护存在漏洞，对大数据的安全控制力度不足。API 访问权限控制以及存储、管理和密钥生成方面的不足都极易造成数据泄露。另外，大数据技术也成为攻击者的手段之一，黑客能够利用大数据技术最大限度地收集更多用户敏感信息。

- 大数据误用风险。使用大数据做出的决定受到大数据的数据质量、准确性的影响。比如，从社交媒体获取个人信息，如姓名、电话、婚姻状况或就业情况等通常都是未经验证的，其分析结果的可信度并不高。而从公众渠道收集到的信息，可能与需求相关度较小。这些数据的价值密度较低，如果对其进行分析或使用可能会产生无效的结果，从而导致错误的决策。

- 网络化社会使大数据易成为攻击目标。以微博、论坛、社交网络、视频网站为代表的新媒体形式促进了网络化社会的形成，在网络化社会中，信息价值高于基础设施价值，极易吸引黑客的攻击。除此以外，网络化社会中大数据蕴涵着人与人之间的关联，黑客只需成功进行一次攻击就能够获取多重数据，黑客的进攻成本在无形中被降低，攻击收益也随之增加。从近年来在互联网上发生用户账号的信息失窃等连锁反应可以看出，大数据更容易吸引黑客，而且一旦遭受攻击，造成的损失十分惊人。

大数据安全虽仍继承传统数据安全完整性、可用性和保密性三个特性，但也有其特殊性，主要表现在以下几个方面：

（1）传统安全措施难以适配。大数据的海量、动态、异构与多源等多种特性使得大数据系统存储结构异常复杂，存储系统必须具备开放性、分布式计算的能力以及高效精准的服务，传统安全措施无法解决这些特殊需求。

（2）跨境数据流动。大数据时代的数据流动十分重要。多个国家共同参与的全球性购物引起的数据跨境流动是大数据的一个特殊属性。在打击网络犯罪、数据服务外包、法律制度方面保护跨境数据的安全是非常重要的。

因此在建立大数据安全标准体系框架的时候，要对传统的数据采集、处理、组织、存储等生命周期各方面安全标准进行适用性分析，适合的留用，不适合的修订，缺项的增加。

（3）应用访问控制更加复杂。在数据库时代应用访问控制通过数据库的访问机制解决，任何需要访问数据库的用户都需要先进行注册。但在大数据时代，存在着大量的未知用户以及大量的未知数据，有许多用户并不知道其身份或注册后也不清楚是什么角色，所以预先设置角色和预先设置角色的权限都做不到。

（4）个人隐私保护。在过去，数据是企业的资产，是在企业内部、局部的环境里使用的，其流动性不强，所以数据的个人隐私表现不突出。但在如今的互联网＋时代，几乎无处不在的各种数据积累并形成了多元数据关联，有不法分子利用多元数据关联分析达到目的的同时导致了个人隐私信息泄露。如何有效保护个人隐私是大数据安全面临的第一个重要问题。

（5）平台安全机制有待改进。过去使用的是 Oracle 数据库，在大数据时代，大家基于 Hadoop 体系结构。在 Hadoop 体系结构里，用户的授权访问与身份鉴别等安全保障能力较低。同时开源 Hadoop 的一些组件在使用前并没有进行相关的安全测试，极有可能存在恶意代码或漏洞，甚至存在"后门"。

大数据所产生的巨大影响力已经给我们的社会经济活动带来了深刻影响。充分利用大数据技术来挖掘信息的巨大价值，从而实现并形成强有力的竞争优势，必将是一种趋势。

练习 7

1．信息安全主要包括哪些方面的内容？
2．大数据面临的挑战有哪些？
3．大数据的安全威胁有哪些？
4．举例说明你身边信息泄露的实例。
5．你觉得应该从哪些方面保护个人数据的安全与隐私？

第8章　大数据案例实操分析

本章导读

如果把数据比作新的石油，那么发挥数据潜力的关键就是掌握如何提炼出高价值情报。为此，首席信息官利用预测分析工具设计机器学习算法，用于测试其他解决方案，以追求企业的效率以及为客户服务的新方式。

"在百度对世界杯的预测中，我们一共考虑了团队实力、主场优势、最近表现、世界杯整体表现和博彩公司的赔率等五个因素，这些数据的来源基本都是互联网，随后我们再利用一个由搜索专家设计的机器学习模型来对这些数据进行汇总和分析，进而做出预测结果。"

——百度北京大数据实验室的负责人张桐

本章要点

- 大数据案例分析的前期准备工作
- 爬虫技术
- MINIST 数字识别技术

8.1　大数据案例分析的前期准备工作

实时数据分析一般用于移动、金融和互联网 B2C 等产品，为了能够达到不对用户体验造成影响的目的，通常会要求在数秒内返回上亿行数据的分析。为满足需求，需要采用一些内存计算平台，或采用传统关系型数据库组成并行处理集群，采用 HDD 的架构也是可行的，但相同的是，这些方式所需的软硬件成本都很高。当前流行的海量数据实时分析工具有 SAP 的 HANA、EMC 的 GreenPlum 等。

大部分对于反馈时间的要求较为宽松的应用，例如机器学习、推荐引擎的计算、离线统计分析、搜索引擎的反向索引计算等，应该选择离线分析的方式，通过数据采集工具将日志数据导入专用的分析平台。而对于规模庞大的数据，传统的 ETL 工具往往不起作用，其主要原因是数据格式转换的成本太高，在性能上无法满足海量数据的采集需求。在互联网企业中常见的海量数据采集工具包括 LinkedIn 开源的 Kafka、Facebook 开源的 Scribe、Hadoop 的 Chukwa、淘宝开源的 Timetunnel 等，这些都可以满足每秒数百兆字节的日志数据采集与传输需求，并将这些数据上载到 Hadoop 中央系统上。

（1）采集。大数据的采集是指将来自客户端（包括 App、Web 或传感器等）的数据存入多个数据库中，用户可以使用数据库进行简单的数据查询或处理工作。例如，一般的电子商务都会使用传统的关系型数据库 Oracle 或 MySQL 来对每一笔事务数据进行存储。除此之外，在数据采集中，也经常用到类似 MongoDB 或 Redis 的 NoSQL 数据库。

大数据采集过程的主要特点与挑战是其高并发数，因为可能会有成千上万的用户同时进行访问和操作。例如淘宝等购物网站或者火车售票网站等，它们并发的访问量在峰值时达到上百万，所以需要在采集端部署大量数据库才能支撑。由此看来，如何在这些数据库之间进行负载均衡和分片的确是需要深入思考和设计的。

（2）导入 / 预处理。采集端本身存在许多数据库，但为了方便后期对如此海量的数据进行有效分析，应该将数据导入一个集中的大型分布式数据库或分布式存储集群中，同时也可以在导入的基础上对数据进行简单清洗及预处理工作。为了满足部分业务的实时计算需求，有的用户会在导入时使用来自 Twitter 的 Storm 对数据进行流式计算。

在进行导入或预处理的过程中，其最大的特点与挑战是导入的数据量非常庞大，每秒的导入量经常会达到百兆，甚至千兆级别。

（3）统计 / 分析。为了在进行统计与分析时满足大多数常见的分析需求，主要利用分布式数据库或分布式计算集群来对存储数据进行普通分析或分类汇总等工作。在这方面，一些实时性需求会用到 Oracle 的 Exadata 、EMC 的 GreenPlum，以及基于 MySQL 的列式存储 Infobright 等；而一些批处理或基于半结构化数据的需求可以使用 Hadoop。

在进行统计与分析的过程中，其主要特点与挑战是分析涉及的数据量非常庞大，其对系统资源，特别是 I/O 会有极大的占用。

（4）挖掘。数据挖掘通常没有预先设定好的主题，这与前面的统计与分析过程不同。数据挖掘主要是在现有数据上进行基于各种算法的计算，从而起到预测效果或实现部分高级别数据分析的需求。其中，用于统计学习的 SVM、用于分类的 NaiveBayes 以及用于聚类的 k-Means 是相对较为典型的算法，主要使用的工具有 Hadoop 的 Mahout 等。

在数据挖掘过程中，其主要特点与挑战是用于挖掘的算法很复杂，并且计算涉及的数据量和计算量都很大，常用数据挖掘算法都以单线程为主。

信息安全主要包括五个方面的内容，即保证信息的完整性、真实性、保密性、未授权拷贝和所寄生系统的安全性。信息安全包括的范围比较广泛，其中包括如何防止个人信息的泄露、如何防范青少年对不良信息的浏览以及如何防范商业企业机密泄露等。在网络环境下保证信息安全的关键就是建立信息安全体系，包括各种安全协议、计算机安全操作系统、安全机制（如数据加密、消息认证、数字签名等），直至安全系统（如 UniNAC、DLP 等），只要存在安全漏洞便可以威胁全局安全。信息安全是指保护信息系统（包括人、物理环境、基础设施、硬件、软件及数据）不因恶意的或偶然的原因而泄露、更改、破坏，系统能够连续可靠地正常运行，信息服务不中断，最终实现业务连续性。

大数据本身的安全在信息安全范畴之内，同时受到运营管理的影响，因此大数据安全会涉及法规、制度、标准、管理等。由于大数据相对来说属于一种新鲜事物，因此相应的法规、制度、标准等必然落后于实践，但在它们被完善之前并不会因此落下大数据的发展，而是选择一边加强和完善与大数据相关的法制建设，一边发展大数据，希望能形成一个良性循环。

大数据岗位及工作内容见表 8-1。

表 8-1　大数据岗位表

级别	岗位	工作内容
初级	数据专员 数据统计员 助理数据分析师 Excel 数据分析师 商业数据分析师	获取内外部数据 数据处理与存储 数据分析 数据可视化 报表制作与管理

续表

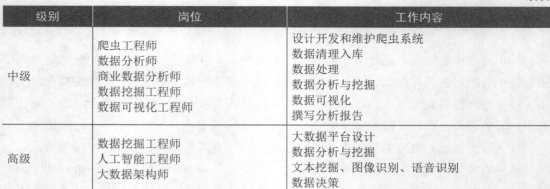

级别	岗位	工作内容
中级	爬虫工程师 数据分析师 商业数据分析师 数据挖掘工程师 数据可视化工程师	设计开发和维护爬虫系统 数据清理入库 数据处理 数据分析与挖掘 数据可视化 撰写分析报告
高级	数据挖掘工程师 人工智能工程师 大数据架构师	大数据平台设计 数据分析与挖掘 文本挖掘、图像识别、语音识别 数据决策

8.2 案例一：爬虫技术

8.2.1 认识爬虫

网络爬虫（又称网页蜘蛛）是一种按照一定规则，自动抓取万维网信息的程序或脚本。它像一只蜘蛛在互联网上沿着 URL 的丝线爬行，对每一个 URL 所指向的网页进行下载并提取分析页面的内容。

反爬虫是指被爬网站采取措施禁止爬虫对其访问。为什么会反爬？爬虫会给被爬网页带来数据安全问题；爬虫的访问记录无价值，甚至会扰乱网站运营者的正常工作；爬虫访问频率过高，会对应用服务器、目标网站造成巨大压力，使网站或服务器陷入瘫痪。

常见反爬手段有很多，比如通过变换网页结构反爬、通过验证码校验反爬、通过账号权限反爬、通过访问频度反爬。

配置 Python 爬虫环境，本课程所用编程环境及关键库有：

（1）Python3.8.x。

（2）PyCharm Community 2021。

（3）requests。

（4）lxml。

（5）Selenium。

爬虫基本流程包括：

（1）发起请求。通过 HTTP 库向目标站点发起请求（Request），请求可以包含额外的 headers 等信息，等待服务器响应。

（2）获取响应内容。如果服务器能正常接收请求并发起响应，则会得到一个 Response。Response 的内容便是发送的请求中所要获取的页面内容，类型有 HTML、二进制数据（如图片视频）、JSON 字符串等。

（3）解析内容。对于得到的 HTML 则用正则表达式或网页解析库进行解析；对于得到的 JSON 字符串：直接转为 JSON 对象解析；对于得到的二进制数据则会被保存或进一步处理。

（4）保存数据。获取的数据可以保存为多种形式，比如生成文本、存入数据库或保存为特定格式的文件。

数据在网络世界中到底是如何传播的？抽象模型是计算机或通信系统间互联的标准体系，其并非按硬件层级划分。TCP/IP 模型使用更广泛，它是一系列协议的集合，核心协议是 TCP 和 IP，各层有专门协议，各主机依据相应协议进行通信。网络传输模型见表 8-2。

表 8-2　网络传输模型

OSI 参考模型	TCP/IP 模型	协议
应用层		
表示层	应用层	HTTP、FTP、SMTP···
会话层		
传输层	传输层	TCP、UDP···
网络层	网络层	IP···
数据链路层	网络接口层	···
物理层		

发方从最高层开始向下对数据逐层封装、打包，形成比特流，再通过网络接口层向收方传递；比特流穿越复杂的中间信道；收方对收到的比特流从最底层开始向上逐层解封装、解包，还原原始信息。网络信息传输过程如图 8-1 和图 8-2 所示。

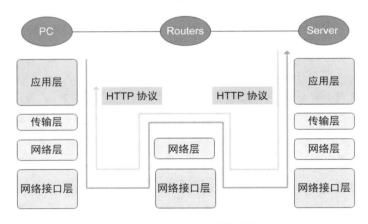

图 8-1　网络信息传输过程

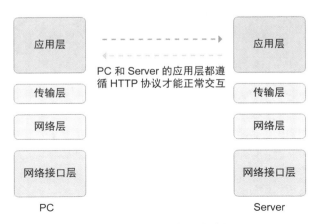

图 8-2　网络信息传输过程

8.2.2 认识 HTTP

HTTP（HyperText Transfer Protocol）即超文本传输协议。爬虫是利用 Python 程序模拟浏览器向 Web 服务器发送 HTTP 请求，以获取服务器的目标网页文件。

HTTP 包含数据头和数据体两部分内容。

HTTP 头部类型按用途可分为请求头、响应头、通用头和实体头。

（1）请求头：提供更为精确的描述信息，其对象为所请求的资源或请求本身。

（2）响应头：为响应消息提供了更多信息。例如，关于资源位置的描述使用 Location 字段，以及关于服务器本身的描述使用 Server 字段等。

（3）通用头：既适用于客户端的请求头，也适用于服务端的响应头。与 HTTP 消息体内最终传输的数据无关，只适用于要发送的消息。

（4）实体头：提供了关于消息体的描述。例如消息体的长度 Content Length，消息体的 MIME 类型 Content Type 等。

常用的请求方法见表 8-3。

表 8-3 常用请求方法

请求方法	方法描述
GET	请求获取指定的页面信息，并返回实体主体
POST	向指定路径提交数据，请求服务器进行处理（例如提交表单或者上传文件）
PUT	从客户端上传指定资源的最新内容，即更新服务器端的指定资源

在网站设计中，纯粹 HTML（标准通用标记语言下的一个应用）格式的网页通常被称为静态网页。静态网页是标准的 HTML 文件，它的文件扩展名是 .htm、.html，可以包含图像、文本、声音、客户端脚本、FLASH 动画、ActiveX 控件等。

静态网页是网站建设的基础，早期的网站一般都是由静态网页制作的。相对于动态网页来说，静态网页是指不含程序、没有后台数据库及不可交互的网页。

DOM（Document Object Model，文档对象模型）是万维网联盟标准。HTML DOM 是针对 HTML 文档的标准模型，如图 8-3 所示。HTML DOM 将 HTML 文档视作树结构，这种结构被称为节点树。

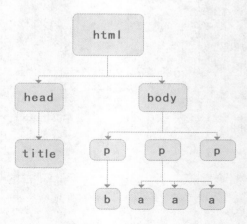

图 8-3 文档对象模型

8.2.3　实现 HTTP 请求

1. 使用 requests 库实现 HTTP 请求

requests 库是一个原生的 HTTP 库，发送原生的 HTTP 1.1 请求，无需手动为 URL 添加查询字串，也不需要对 POST 数据进行表单编码。下面将使用 requests 库实现 HTTP 请求。

（1）生成请求。

requests 库生成请求的代码非常便利：

```
requests.method(url,**kwargs)
import requests
rq = requests.get('http://tipdm.com/')
```

其中参数说明见表 8-4。

表 8-4　requests 参数说明

参数	说明
method	请求方法，如 get、put、delete、head、options
url	接收 string。表示字符串形式的网址，无默认值
**kwargs	接收 dict 或其他 Python 中的类型的数据。依据具体需要及请求的类型可添加的参数，通常参数赋值为字典类型或为具体数据

（2）查看响应内容。

```
print(' 响应状态码：', rq.status_code)
print(' 编码：', rq.encoding)
print(' 请求头：', rq.headers)
print(' 实体：', rq.text)     # rq.content 与 rq.text 类似，但返回值是 bytes 类型
```

（3）请求头与响应头处理。

requests 库使用 headers 参数在 GET 请求中上传参数，参数形式为字典。

使用 headers 属性即可查看服务器返回的响应头，通常响应头返回的结果会与上传的请求参数对应。

```
headers = {'user-agent': 'Mozilla/5.0 (Windows NT 10.0; Win64; x64) ……'}     # 设置请求头
rq = requests.get(url, headers=headers)
rq.headers     # 返回的响应头
```

2. 使用 Xpath 解析网页

通过 requests.get(url) 得到的响应结果 rq.text 为字符串对象，将其解析成具有明确结构的数据类型就能高效地从中提取出目标信息。利用工具可将 rq.text 解析为 Document Object Model（文档对象模型）。

XML 路径语言（XML Path Language）是一种基于 XML 的树状结构，在数据结构树中找寻节点，确定 XML 文档中某部分位置的语言。

注意：XPath 只能处理文档的 DOM 表现形式。

使用 Xpath 需要从 lxml 库中导入 etree 模块，然后使用其 HTML 类对需要匹配的 HTML 对象进行初始化。Xpath 参数说明见表 8-5，Xpath 常用匹配表达式见表 8-6。

```
lxml.etree.HTML(text, parser=None, *, base_url=None)
```

表 8-5　Xpath 参数说明

参数名称	说明
text	接收 str，表示需要转换为 HTML 的字符串，无默认值
parser	接收 str，表示选择的 HTML 解析器，无默认值
base_url	接收 str，表示设置文档的原始 URL，用于在查找外部实体的相对路径，默认为 None

表 8-6　Xpath 常用匹配表达式

表达式	说明
nodename	选取 nodename 节点的所有子节点
/	从当前节点选取直接子节点
//	从当前节点选取子孙节点
.	选取当前节点
..	选取当前节点的父节点
@	选取属性

　　Xpath 可通过谓语来查找某个特定的节点或包含某个指定的值的节点，谓语被嵌在路径后的方括号中，见表 8-7。

表 8-7　Xpath 表达式

表达式	说明
/html/body/div[1]	选取属于 body 子节点下的第一个 div 节点
/html/body/div[last()]	选取属于 body 子节点下的最后一个 div 节点
/html/body/div[last()-1]	选取属于 body 子节点下的倒数第二个 div 节点
/html/body/div[positon()<3]	选取属于 body 子节点下的前两个 div 节点
/html/body/div[@id]	选取属于 body 子节点下的带有 id 属性的 div 节点
/html/body/div[@id="content"]	选取属于 body 子节点下的 id 属性值为 content 的 div 节点
/html /body/div[xx>10.00]	选取属于 body 子节点下的 xx 元素值大于 10 的节点

　　Xpath 基本语法：

- 使用 text 方法可以提取某个单独标签下的文本。
- 使用 string 方法提取出定位到的子节点及其子孙节点下的全部文本。
- 使用 @ 获取标签属性值。

```
xpath("//a/text()")      # 获取 a 标签下的文本
xpath("//a//text()")     # 获取 a 标签以及子标签中的内容
xpath("//a/@href")       # 获取 a 标签中的连接，即获取标签属性值（位置 /@ 属性）
```

　　存储数据：

- 对于爬取到的数据，我们一般会利用 pandas 处理成 dataframe 的格式，此时应注意要保证各字段元素个数一致。
- 当数据转成 dataframe 后，再根据业务需求将 dataframe 写入磁盘，常用的形式有 csv 文件、数据库文件或 JSON 文件。
- 将数据存储为 JSON 文件的过程为一个编码过程，编码过程常用 dump 函数，将 Python 对象转换为 JSON 对象，并通过 fp 文件流将 JSON 对象写入文件内。dump 函数常用参数及其说明见表 8-8。

表 8-8　dump 函数常用参数及其说明

参数	说明
skipkeys	接收 Built-in。表示是否跳过非 Python 基本类型的 key，若 dict 的 keys 内的数据为非 Python 基本类型，即不是 str、unicode、int、long、float、bool、None 等类型，设置该参数为 False 时，会报 TypeError 错误。默认值为 False，设置为 True 时，跳过此类 key
ensure_ascii	接收 Built-in。表示显示格式，若 dict 内含有非 ASCII 的字符，则会以类似"\uXXX"的格式显示。默认值为 True，设置为 False 后，将会正常显示
indent	接收 int。表示显示的行数，若为 0 或为 None，则在一行内显示数据，否则将会换行且按照 indent 的数量显示前面的空白，将 JSON 内容格式化显示。默认为 None
separators	接收 string。表示分隔符，实际上为（item_separator,dict_separator）的一个元组，默认为（','，':'），表示 dictionary 内的 keys 之间用","隔开，而 key 和 value 之间用":"隔开。默认为 None
encoding	接收 string。表示设置的 JSON 数据的编码形式，处理中文时需要注意此参数的值。默认为 UTF-8
sort_keys	接收 Built-in。表示是否根据 keys 的值进行排序。默认为 False，为 True 时数据将根据 keys 的值进行排序

8.2.4　常规动态网页爬取

一般情况下，无法从 HTML 源码中直接获取页面元素，前端页面与后台数据库联动，动态更新，网页内容可能由 JavaScript 动态生成，可能应用了 AJAX 技术和动态 HTML 技术（如"查看更多"或手动下拉到网页底端才会加载新内容）。

若页面部分信息（特别是网页展示的核心内容）在网页源码中搜索不到，则网页一般为动态的。

以网站 http://www.ptpress.com.cn 为例。

在浏览器中打开网站 http://www.ptpress.com.cn，并搜索"Python 网络爬虫"。右击"检查"调出 Chrome 开发者工具，找到"Python 网络爬虫技术"的 HTML 信息，如图 8-4 所示。

图 8-4　"Python 网络爬虫技术"HTML 信息

网页 HTML 源码中并未包含网页展示的所有信息，但由于网站使用了动态加载技术，将部分信息单独存放在其他文件中，因此当我们在进行网页浏览时，才能够看到这部分的内容。接下来爬取该网站的商品信息，使用 Chrome 进入网站，查看网页源码，查找图书信息所处文件地址。将查找到的地址与网站 host 进行拼接即可得到目标文件的 url：https://www.ptpress.com.cn/masterpiece/getMasterpieceListForPortal。在浏览器中打开拼接后的网址，即可得到目标信息。

实操演练

（1）明确需求。

基于 Python 爬虫编写程序，自动抓取 https://www.123wenxue.com/files/article/html/22/22215/ 网址列表，根据章节地址列表自动提取每一章节的正文，清洗抓取到的正文的多余 HTML 格式字符，并将所有章节正文保存到"书名 + 作者 .txt"文档。

（2）发送请求。

首先请求我们要访问的页面的 url，url = f'https://www.123wenxue.com/files/article/html/22/22215/'。使用 get 方法请求数据对象，并给它一个响应参数：

```
response = requests.get(url=html_url, headers=headers)
```

添加 headers 请求头：

```
headers = {
    'User-Agent': 'Mozilla/5.0 (Windows NT 10.0; Win64; x64) AppleWebKit/537.36 (KHTML, like Gecko)
        Chrome/91.0.4472.77 Safari/537.36'
}
```

爬取网页信息需要获取 header，即 user-agent。以下是两种获取浏览器 user-agent 的方法：

方法一：以 Chrome 为例，在地址栏输入 about:version，即可出现如图 8-5 所示的信息，用户代理即 user-agent。

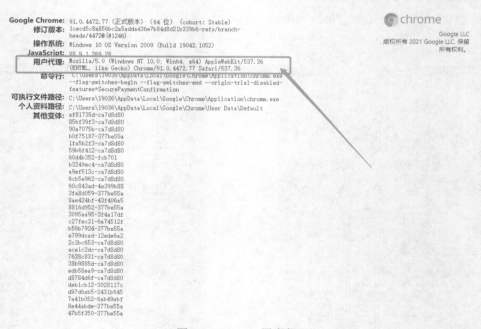

图 8-5　Chrome 用户代理

当然有的浏览器不支持使用 about:version 方法，例如 IE 浏览器，那么用方法二即可。

　　方法二：打开任意一个浏览器，右击网页，查看网页的源代码。以谷歌为例，可以用
快捷键 F12 来打开控制台。

　　单击 Network → 22215/ → Headers，查看最下方信息，如图 8-6 所示。

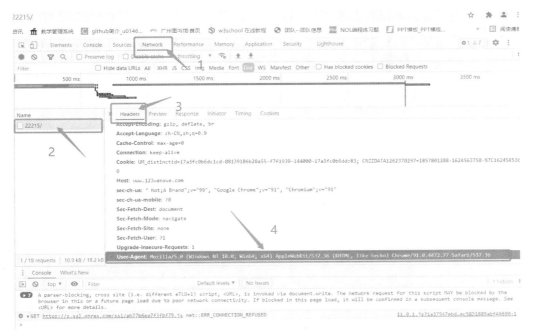

图 8-6　控制台页面操作

模拟浏览器请求，网页会返回 response 对象。

```
# 模拟浏览器发送请求
import requests
url = 'https://www.123wenxue.com/files/article/html/22/22215/'
headers = {
    'User-Agent': 'Mozilla/5.0 (Windows NT 10.0; Win64; x64) AppleWebKit/537.36 (KHTML, like Gecko)
        Chrome/91.0.4472.77 Safari/537.36'
}
response = requests.get(url=url, headers=headers)
print(response)
```

返回状态码，如图 8-7 所示。

图 8-7　返回状态码

　　200 是状态码，表示请求成功。2xx 表示成功；3xx 表示重定向；4xx 表示请求错误；
5xx 表示服务器错误。

　　常见状态码及其说明见表 8-9。

表 8-9　常见状态码及其说明

状态码	说明
200	服务器成功返回网页，客户端请求已成功
302	对象临时移动。服务器目前从不同位置的网页响应请求，但请求者应继续使用原有位置来进行以后的请求
304	属于重定向。自上次请求后，请求的网页未修改过。服务器返回此响应时，不会返回网页内容
401	未授权。请求要求身份验证。对于需要登录的网页，服务器可能返回此响应
404	未找到。服务器找不到请求的网页
503	服务器目前无法使用（由于超载或停机维护）。通常，这只是暂时状态

（3）获取数据。

requests.get(url=url, headers=headers) 请求网页返回的是 response 对象。

response.text：获取网页文本数据。

response.json：获取网页 json 数据。

```
import requests
url = 'https://www.123wenxue.com/files/article/html/22/22215/'
headers = {
    'User-Agent': 'Mozilla/5.0 (Windows NT 10.0; Win64; x64) AppleWebKit/537.36 (KHTML, like Gecko)
        Chrome/91.0.4472.77 Safari/537.36'
}
response = requests.get(url=url, headers=headers)
print(response.text)
```

获取数据操作页面如图 8-8 所示。

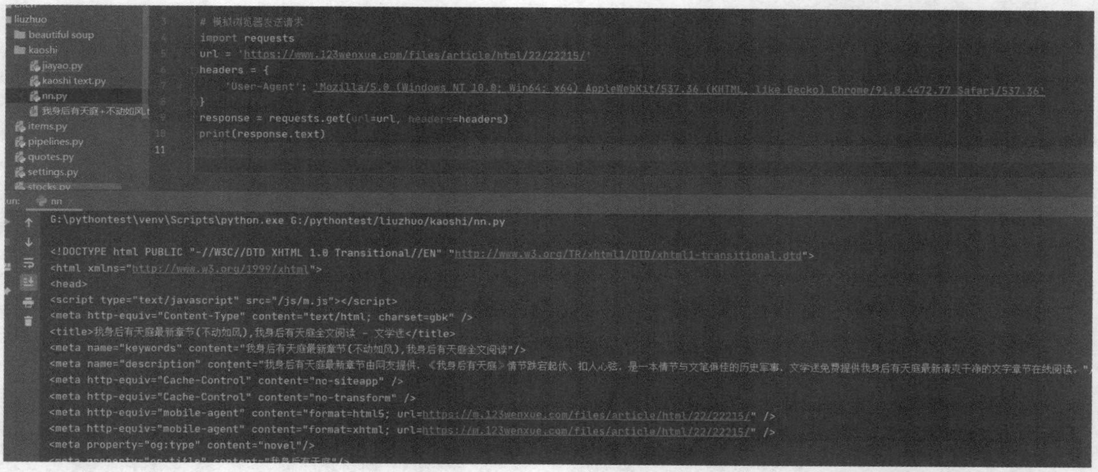

图 8-8　获取数据操作页面

因为爬取的字体可能会发生乱码，所以我们在这里设置一下（这里的字体编译不一定要加上，如果下面请求文本的时候发生乱码就可以加上，或者直接设置为 utf-8 编码）。

```
response.encoding = response.apparent_encoding
```

（4）解析数据。

常用解析数据方法：正则表达式、css 选择器、xpath、lxml。

常用解析模块：bs4、parsel。

本次实验使用的是 parsel 这个解析库。

根据 css 选择器可以直接提取小说标题以及小说内容，读者可自行进行实验。

调用请求网页数据函数：

```
response = get_response(novel_url)
```

转行成 selector 解析对象：

```
selector = parsel.Selector(response.text)
```

获取小说标题：

```
title = selector.css('.bookname h1::text').get()
```

获取小说内容：

```
content_list = selector.css('#content::text').getall()
```

join 把列表转换为字符串：

```
content_str = ''.join(content_list)
save(name, title, content_str)
```

完整代码如下：

```
def get_one_novel(name, novel_url):
    response = get_response(novel_url)
    selector = parsel.Selector(response.text)
    title = selector.css('.bookname h1::text').get()
    content_list = selector.css('#content::text').getall()
    content_str = ''.join(content_list)
    save(name, title, content_str)
```

所有的单章的 url 地址都在 dd 标签当中，但是这个 url 地址是不完整的，所以爬取下来的时候，要拼接 url 地址。

```
# 所有的 url 地址都在 a 标签里面的 href 属性中
dds = selector.css('#list dd a::attr(href)').getall()
    # 小说名字
novel_name = selector.css('#info h1::text').get()
for dd in tqdm(dds):
    novel_url = 'https://www.123wenxue.com' + dd
    get_one_novel(novel_name, novel_url)
```

完整代码如下：

```
def get_all_url(html_url):
    # 调用请求网页数据函数
    response = get_response(html_url)
    # 转行成 selector 解析对象
    selector = parsel.Selector(response.text)
    # 所有的 url 地址都在 a 标签里面的 href 属性中
    dds = selector.css('#list dd a::attr(href)').getall()
    # 小说名字
    novel_name = selector.css('#info h1::text').get()
    for dd in tqdm(dds):
        novel_url = 'https://www.123wenxue.com' + dd
        get_one_novel(novel_name, novel_url)
```

（5）保存数据。

常用的保存方式为 with open。

```
def save(novel_name, title, content):
    """
    保存小说
    :param title: 小说章节标题
    :param content: 小说内容
    :return:
    """
    filename = f'{novel_name}' + "+ 不动如风 "+'.txt'
    # 一定要记得加后缀 .txt, mode 保存方式 a 是追加保存, encoding 是保存编码
    with open(filename, mode='a', encoding='utf-8') as f:
        # 写入标题
        f.write(title)
        # 换行
        f.write('\n')
        # 写入小说内容
        f.write(content)
```

当出现 100% 字样时，代表运行成功，如图 8-9 所示。加载完毕后即可看到操作台显示小说内容。

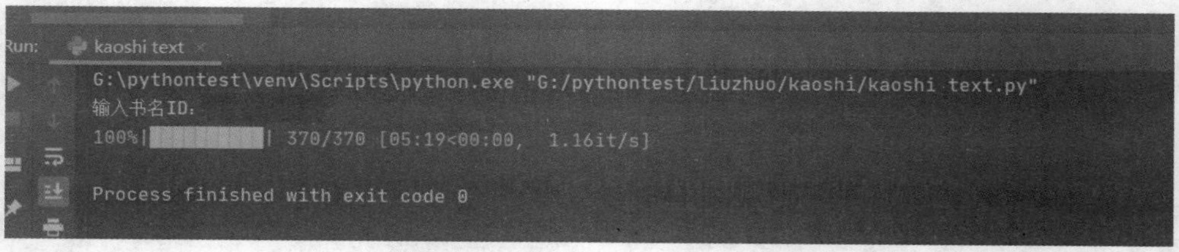

图 8-9　PyCharm 操作界面

8.3　案例二：MINIST 数字识别技术

MINIST 数据集来自美国国家标准与技术研究所（National Institute of Standards and Technology，NIST）。数据集由 125 位高中生与 125 位人口普查局工作人员共同手工书写的数字构成。

- 数据集的基本数据量：训练集 55000 条，验证集 5000 条，测试集 10000 条。
- 数据集获取渠道：http://yann.lecun.com/exdb/mnist/。
- 数据集读取工具：TensorFlow（TensorFlow 是一个端到端的开源机器学习平台，官网地址为 https://tensorflow.google.cn/；中文网站为 https://tensorflow.google.cn/）。

构建和训练机器学习模型是希望对新的数据做出良好的预测，如何保证训练实效，以应对前所未见的数据呢？解决办法是将数据集拆分为两个子集：测试集（用于测试模型的子集）和训练集（用于训练模型的子集）。其中的测试集需要确保满足以下条件：

（1）规模足够大，可产生具有统计意义的结果。

（2）能代表整个数据集，测试集的特征应该和训练集的特征相同。

通常，在测试集足够大，且不反复使用相同测试集的前提下，在测试集上表现是否良好是衡量能否在新数据集上表现良好的有用指标。

如果只有一个数据集，则拆分成两个数据集，即一个训练集和一个测试集。

（1）认识数据。MINIST 数据集包括 6000 个 0 ～ 9 的手写数字图像，每张图像包括 784 个像素值及一个标签。数字像素图如图 8-10 所示。

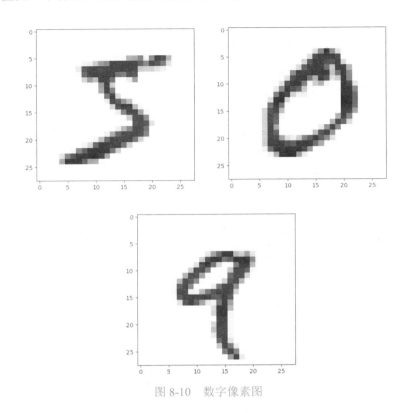

图 8-10 数字像素图

（2）构建模型，识别图像中的数字。特征转换过程如图 8-11 所示。

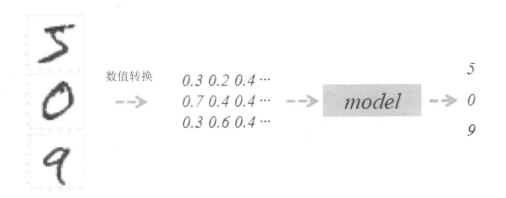

图 8-11 特征转换过程

```
data = np.load('mnist.npz')
train_images, train_labels, test_images, test_labels = data['x_train'], data['y_train'], data['x_test'],
    data['y_test']
```

共 70000 张照片，其中训练集 60000 张，测试集 10000 张。

```
print(train_images.shape)
print(train_labels.shape)
```

```
print(test_images.shape)
print(test_labels.shape)
(60000, 28, 28)
(60000,)
(10000, 28, 28)
(10000,)
```

底层算法结构如图 8-12 所示。

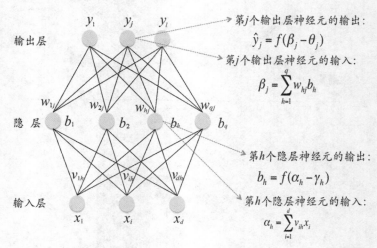

图 8-12 网络结构

第 j 个输出层神经元的输出：
$$\hat{y}_j = f(\beta_j - \theta_j)$$

第 j 个输出层神经元的输入：
$$\beta_j = \sum_{h=1}^{q} w_{hj} b_h$$

第 h 个隐层神经元的输出：
$$b_h = f(\alpha_h - \gamma_h)$$

第 h 个隐层神经元的输入：
$$\alpha_h = \sum_{i=1}^{d} v_{ih} x_i$$

我们定义一个 loss 函数来描述模型对问题的分类精度。loss 越小，模型越精确。这里采用交叉熵：损失函数 / 目标函数。交叉熵衡量两个概率分布之间的差异，刻画的是两个概率分布之间的距离。如果通俗地理解交叉熵，可以理解为用给定的一个概率分布表达另一种概率分布的困难程度，如果两个概率分布越接近，那么显然这种困难程度就越小，那么交叉熵就会越小。交叉熵越小，也就说明模型的输出越接近正确的结果。交叉熵表达为

$$H_{y'}(y) = -\sum_i y'_i \log(y_i)$$

（3）搭建网络。

```
model = tf.keras.models.Sequential()
model.add(tf.keras.layers.Flatten(input_shape=(28, 28)))
model.add(tf.keras.layers.Dense(128, activation='relu'))
model.add(tf.keras.layers.Dense(10, activation='softmax'))
```

（4）编译模型。

```
model.compile(optimizer='adam', loss='sparse_categorical_crossentropy', metrics=['accuracy'])
```

（5）训练模型。

```
model.fit(train_images, train_labels, verbose=2, epochs=5)
```

（6）模型保存与调用。

```
model.save('model.h5')
model = tf.keras.models.load_model('model.h5')
my_result = model.predict(test_my_img)
```

最后，实验结果统计见表 8-10。

表 8-10　实验结果

比较项目	层数	卷积核尺寸	卷积核个数	通道数（channel）	池化尺寸	步长	Time	Result
原始参数	第二层	5	20	1	2	2	4m13.729s	98.93%
	第二层	5	50	20	20	2		
第一次改进	第一层	3	20	1	2	2	4m20.276s	98.99%
	第二层	3	50	20	20	2		
第二次改进	第一层	3	20	1	2	2	4m48.579s	99.01%
	第二层	3	100	20	20	2		

练习 8

1．爬虫技术涉及的技术要点有哪些？
2．MINIST 数字识别技术实现的步骤是怎样的？

参考文献

[1] 陆嘉恒. Hadoop 实战 [M]. 2 版. 北京：机械工业出版社，2011.

[2] WHITE T. Hadoop 权威指南 [M]. 周傲英，王晓玲，金澈清，等译. 北京：清华大学出版社，2011.

[3] 维克托·迈尔 - 舍恩伯格，肯尼思·库克耶. 大数据时代：生活、工作与思想的大变革 [M]. 盛杨燕，周涛，译. 杭州：浙江人民出版社，2013.

[4] 王鹏. 云计算的关键技术与应用实例 [M]. 北京：人民邮电出版社，2010.

[5] 黄宜华. 深入理解大数据：大数据处理与编程实践 [M]. 北京：机械工业出版社，2014.

[6] 蔡斌，陈湘萍. Hadoop 技术内幕——深入解析 Hadoop Common 和 HDFS 架构设计与实现原理 [M]. 北京：机械工业出版社，2013.

[7] DIMIDUK N，KHURANA A. HBase 实战 [M]. 谢磊，译. 北京：人民邮电出版社，2013.

[8] 刘鹏. 实战 Hadoop——开启通向云计算的捷径 [M]. 北京：电子工业出版社，2011.

[9] 罗燕新. 基于 HBase 的列存储压缩算法的研究与实现 [D]. 广州：华南理工大学，2011.

[10] 周春梅. 大数据在智能交通中的应用与发展 [J]. 中国安防，2014（6）：33-36.

[11] 秦萧，甄峰. 大数据时代智慧城市空间规划方法探讨 [J]. 现代城市研究，2014（10）：18-24.

[12] 车志宇，段云峰. 电信客户离网分析法 [J]. 电信技术，2004（10）：17-18.

[13] 项亮. 推荐系战实践 [M]. 北京：人民邮电出版社，2012.

[14] RAJARAMAN A，ULLMAN J D. 大数据：互联网大规模数据挖掘与分布式处理 [M]. 王斌，译. 北京：人民邮电出版社，2013.

[15] 吴甘沙，尹绪森. GraphLab：大数据时代的图计算之道 [J]. 程序员，2013（8）：90-94.

[16] 林子雨，赖永炫，林琛，等. 云数据库研究 [J]. 软件学报. 2012，23（5）：1148-1166.

[17] MALEWICZ G，AUSTERN M H，etc. Pregel：A System for Large-Scaleg Graph Processing[J]. SIGMOD，2010：135-145.

[18] COPELAND G P，KHOSHAFIAN S N. A Decomposition Storage Model[J]. SIGMOD，1985：268-279.

[19] 阿里云. 云数据库 RDS MySQL 版 [EB/OL]. [2022-03-22]. http://www.aliyun.com/product/rds.

[20] MELNIK S，GUBAREV A，LONG J J，etc．Dremel：Interactive Analysis of Web-Scale Datasets[J]．PVLDB，2010，3(1)：330-339.

[21] 孟小峰，慈祥．大数据管理：概念、技术与挑战 [J]．计算机学报，2013（8）：146-169.

[22] WANG N，YANG Y，FENG L Y，etc．SVM-Based Incremental Learning Algorithm for Large-Scale Data Stream in Cloud Computing[J]．TIIS，2014，8(10)：3378-3393.

[23] 姚宏宇，田溯宁．云计算：大数据时代的系统工程 [M]．北京：电子工业出版社，2013.

[24] 胡铮．物联网 [M]．北京：科学出版社，2010.

[25] ANDERSON Q．Storm 实时数据处理 [M]．卢誉声，译．北京：机械工业出版社，2014.

[26] 阿里巴巴集团数据平台事业部商家数据业务部．Storm 实战：构建大数据实时计算 [M]．北京：电子工业出版社，2014.

[27] 腾讯云．云数据库 TencentDB for MySQL[EB/OL]．[2022-04-08]．http://www.qcloud.com/product/cdb.html.

[28] 曹伟．MySQL 云数据库服务的架构探索 [J]．程序员，2012（10）：90-93.

[29] Redmond E，WILSON J R．七周七数据库 [M]．王海鹏，田思源，王晨，译．北京：人民邮电出版社，2013.

[30] 陆嘉恒．大数据挑战与 NoSQL 数据库技术 [M]．北京：电子工业出版社，2013.

[31] WHITE T．Hadoop：The Definitive Guide．3rd ed．CA：O'Reilly，2012.

[32] 范凯．NoSQL 数据库综述 [J]．程序员，2010（6），76-78.

[33] 于俊，向海，代其锋，等．Spark 核心技术与高级应用 [M]．北京：机械工业出版社，2016.

[34] KARAU H，KONWINSKI A，WENDELL P，etc．Spark 快速大数据分析 [M]．王道远，译．北京：人民邮电出版社，2015.

读书笔记